Saptadeep Debnath
Naman Jain
Rahul Pareek

Aerodorneial-4

AF625171

Saptadeep Debnath
Naman Jain
Rahul Pareek

Aerodorneial-4

Uma proposta de colonização espacial

ScienciaScripts

Imprint
Any brand names and product names mentioned in this book are subject to trademark, brand or patent protection and are trademarks or registered trademarks of their respective holders. The use of brand names, product names, common names, trade names, product descriptions etc. even without a particular marking in this work is in no way to be construed to mean that such names may be regarded as unrestricted in respect of trademark and brand protection legislation and could thus be used by anyone.

Cover image: www.ingimage.com

This book is a translation from the original published under ISBN 978-3-659-85700-3.

Publisher:
Sciencia Scripts
is a trademark of
Dodo Books Indian Ocean Ltd. and OmniScriptum S.R.L publishing group

120 High Road, East Finchley, London, N2 9ED, United Kingdom
Str. Armeneasca 28/1, office 1, Chisinau MD-2012, Republic of Moldova, Europe
Printed at: see last page
ISBN: 978-620-8-29049-8

Copyright © Saptadeep Debnath, Naman Jain, Rahul Pareek
Copyright © 2024 Dodo Books Indian Ocean Ltd. and OmniScriptum S.R.L publishing group

Índice

CAPÍTULO 1

Requisitos básicos

1.1 RESUMO EXECUTIVO

"O espaço é o nosso futuro. Envolva-se! "

Os assentamentos espaciais, sendo temas de pura fantasia há algum tempo atrás, parecem agora estar a ter lugar no mundo de hoje, como um futuro plinto para a habitação humana. Para o desenvolvimento da raça humana, e a exploração da natureza e do espaço, que é muito maior e está para além da nossa imaginação, tem de se expandir muito, e nós esperamos dar a nossa quota-parte, desenhando esta maravilha.

A estrutura, esplendidamente concebida, oferece uma grande área para a captação de energia solar em qualquer altura, uma vez que a povoação está situada no Ponto Lagrangiano Terra-Lua 4. Com vastas estruturas, compostas por uma esfera oca segmentada, que ajudam a estrutura a ganhar força para suportar o peso, ao mesmo tempo, provam ser uma estrutura económica. Outras estruturas principais incluem o toro residencial e o toro industrial, com outros componentes mais pequenos, que foram designados como bem integrados na estrutura.

As Operações e Infra-estruturas fornecem à colónia a estipulação de todas as necessidades básicas, bem como outros requisitos, a fim de criar um ambiente habitável único para os seres humanos, equipado com infra-estruturas adequadas. O plano agrícola revela-se realmente eficaz e eficiente para ser utilizado numa colónia espacial, tendo como principais caraterísticas a facilidade e a viabilidade. Estas operações infra-estruturais dão aos Projectistas da Vida Humana a oportunidade de conceberem um ambiente bem integrado, agradável e habitável para 10.000 residentes permanentes, com formas de entretenimento sempre dinâmicas e uma variedade de modelos de casas para os cidadãos escolherem, num plano comunitário impecavelmente concebido. Tudo isto não só proporciona as condições de vida "normais e essenciais", como também permite aos residentes desta Colónia Espacial Única experimentar a beleza magnífica do Espaço maravilhoso, repleto de uma margem de manobra eletrizante para explorar o planeamento explícito da mente humana.

Além disso, o Aerodorneial-4 tem muito a oferecer aos seus cidadãos e à raça humana, para o seu desenvolvimento, através das mais recentes instalações e serviços de automatização de ponta, que ajudam os humanos a florescer suficientemente bem, numa morada que repousa no Espaço, como uma Maravilha Humana.

O Aerodorneial-4 foi concebido principalmente para fornecer uma morada adequada para os seres humanos fora da Terra, o que abre a nossa visão para a criação de uma vasta gama de exploração de novas possibilidades, que nunca poderíamos ter ousado imaginar.

Aerodorneial-4 é sinónimo de surpreender os seus espectadores, com os modelos de criatividade e inovação, redefinidos... Para dar um vislumbre da perfeição que está... Para além do Futuro!

1.2 Reconhecimento

Em primeiro lugar, gostaria de agradecer aos nossos pais por nos terem apoiado com as nossas noites tardias (ou poderia dizer madrugadas) de trabalho. Durante todo o processo, desde a conceção do Logos até às enormes tarefas de compilação, eles estiveram sempre presentes para dar voz à nossa imaginação. Para nos sugerir a forma "formal" de apresentar o que realmente pensámos, e de pensar no que realmente deveríamos pensar. Para tudo, queríamos a sua ajuda.

Gostaria também de agradecer e, ao mesmo tempo, honrar as autoridades da nossa escola, que, apesar de não assistirmos às aulas, nos apoiaram muito. Mais especificamente, gostaria de agradecer ao nosso diretor, o Rev. P. John Ravi S.J., que nos orientou, para que pudéssemos levar a cabo todo este processo com entusiasmo e com uma abordagem técnica precisa.

Um agradecimento muito especial ao Centro de Investigação Ames da NASA por ter organizado o sempre emocionante evento conhecido como Concurso Internacional de Design de Colónias Espaciais, que faz emergir o verdadeiro "engenheiro" e o "artefacto" numa pessoa. Por fazer com que os estudantes e até mesmo as instituições de ensino de todo o mundo se apercebam de que existe toda uma grande aura de inovação e criatividade nas mentes dos estudantes; se os deixarmos explorar o que podem, eles fá-lo-ão. A nossa sincera e respeitosa extensão de gratidão a esta organização é claramente desnecessária para ser expressa em poucas letras. Além disso, gostaria de apresentar os meus mais sinceros cumprimentos à Autodesk Cooperation pelo lançamento do "3 ds Max", que tornou a nossa conceção em 3-D mais fácil do que eu alguma vez poderia ter imaginado.

Ultimamente, gostaria de agradecer a Anudeep Sekhar por nos ter ajudado com os nossos desenhos, e a toda a nossa equipa da St. Xavier's School, Jaipur, que nos ajudou a preparar esta proposta de colonização espacial Aerodorneial-4.

Esta proposta não teria sido concluída sem a ajuda dos meus co-autores Naman Jain e Rahul Pareek. Foi graças ao seu apoio contínuo e ao seu profissionalismo que esta proposta foi um êxito.

Saptadeep Debnath

1.3 Importância da nomeação

A proposta de um nome é o passo mais inicial que tem de ser dado em qualquer proposta. Assim, depois de analisarmos muitas das literaturas, opiniões de especialistas e muitas outras fontes, chegámos a uma solução lógica.

- A primeira letra do nome foi escolhida "A" porque, sendo "A" a primeira letra, também a descreve como a primeira povoação proposta por nós.
- A terminação "AL-4" refere-se à sua localização como L-4 ou Lagrange Point-4.
- O resto do nome foi criado, encaixando-se extraordinariamente nos seus meios adequados, que foram pensados por todos nós. As duas palavras que compõem a parte central do nome da colónia são "Aero" e "Real". São os dois aspectos mais básicos da conceção desta colónia espacial, que recordámos a cada passo, onde tivemos de fazer convergir a singularidade destes dois aspectos tão invulgares da natureza.
- Embora este nome não sirva para nada na sua forma bruta, tornou-se agora o maior orgulho que podemos ter. Gostaríamos realmente de dar a sua essência para nossa edificação direta, e aqui vai tudo o que pode precisar para o processo.

CAPÍTULO 2

Engenharia de estruturas

Aqui, os Engenheiros de Estruturas da Colónia Espacial Aerodorneial-4, apresentam-vos uma estrutura estável e bem mantida da colónia, que repousa como morada no espaço; para os nossos anos vindouros, não temos de fazer o normal e habitual, mas de nos elevarmos acima do que pensámos de nós em termos das nossas aparentes limitações até agora, tão bem! O exoesqueleto e o casco exterior básico, que estabelece uma base forte para toda a colónia, este design é bem planeado e provou não só suportar os requisitos cruciais, mas também fornece um espaço para a futura adição de design e colocação de outras necessidades, o que o torna criticamente distinto.

2.1 CONFIGURAÇÃO EXTERIOR

Proporcionar um ambiente seguro e sustentável para cerca de 10 000 residentes a tempo inteiro e também espaço para 300 visitantes de curta duração e 400 pessoas adicionais, alargando as margens da população. A estrutura não só proporciona um ambiente habitável para a residência humana, como também fornece uma plataforma para o início da futura "Era Espacial", tal como foi profetizado há muito tempo.

2.1.1 Dimensões

Structural Component	Dimensions (in ft)			Total Surface Area	Down Surface Area	Volume	Human Inter-Action
	Major Radius	Minor Radius	Height/ Width	(in ft^2)	(in ft^2)	(in ft^3)	
Axial Hyperboloid	763.78	481.8	2,053.3	2,703,074.9	—	4,019,374.9	Rare
Reflecting Discs (x2)	705.5	683.5	50	12,343.9	—	30,263.3	No
Residential Torus	3827.7	958.6	—	144,863,236.5	46,149,486	277,247,653,586.6	Yes
Amenity Arch (x10)	1203	251.5	—	5,962,687.9	1,899,550.4	7,184,540,298.7	Yes
½ g Torus	1531.0	383.2	—	23,162,527.9	7,378,950.9	17,731,957,489.3	Often
Segmented Orb (Oval) (x8)	1,026.6	5,013	1,969.3	—	7,162,196.6	699,457,422.27	Often
Docks (x2)	700	—	—	1,540,000	—	—	Rare

Quadro 2.1.1 Dimensão dos componentes do casco

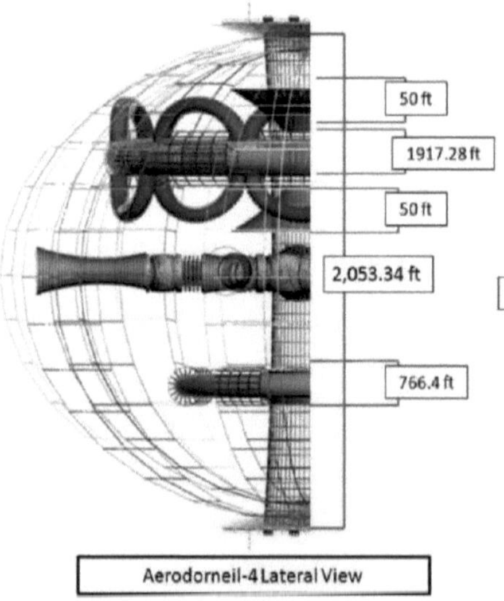

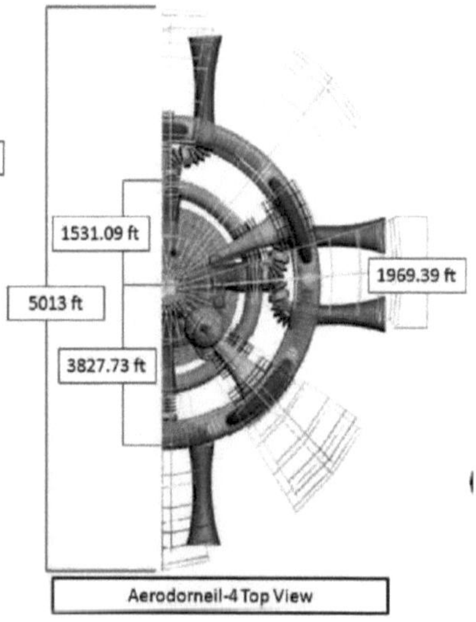

Fig 2.1.1 Dimensões do Aerodorneial-4

2.1. 2Componentes do casco

O casco da povoação é constituído por Toro, Hiperbolóides, Esferas e outras figuras tridimensionais básicas como formas fundamentais, que configuram toda a estrutura, embora sendo simples, proporciona uma utilidade notável. A povoação é constituída pelos seguintes componentes principais do casco:

1. hiperboloide axial
   a. Discos reflectores
2 - A órbita segmentada
   a. Indústrias
   b. Mecanismos de produção de energia
   c. Secções de impulso e de equilíbrio
3. Toro Residencial
   a. Arco de Amenidades
4. $^1/_2$ Torus
5. docas

Caraterísticas críticas da estrutura da liquidação:

> **O hiperboloide axial**: A parte do assentamento que suporta toda a estrutura como um todo; contém as interfaces rotacionais, as principais vias de transporte, e também actua como eixo para as partes rotativas do assentamento. Com as dimensões definidas na tabela, esta estrutura axial foi escolhida para ser um hiperboloide porque oferece: O Maior resistência aos choques.

O Pode suportar tensões maiores.

O Pode suportar estruturas maciças de forma mais eficiente, em comparação com o cilindro. O Uma base estável para a povoação.

Os discos reflectores presentes no hiperboloide axial são utilizados principalmente para fornecer luz solar natural no interior da povoação, de modo a proporcionar também vistas naturais do espaço exterior.

> **O Orbe Segmentado**: Com um design oval convencional, segmentado, actua como a principal fonte de estabilidade da povoação. Para além de acomodar as actividades de gravidade zero, basicamente a produção e outros processos industriais, proporciona uma área exclusiva para o processamento e outros trabalhos de produção que serão maioritariamente habitados por robôs e governados por contrapartes humanas constantemente. Colocada perto das docas, reduz os custos de transporte de carga e facilita o processo de manuseamento de carga. Esta esfera também tem painéis solares integrados nas suas superfícies exteriores, de modo a gerar energia suficiente para satisfazer as necessidades energéticas diárias da povoação. Estão diretamente ligados à parte superior e inferior do hiperboloide.

> **Torus residencial:** Com o objetivo de alojar 10.000 residentes permanentes em Aerodorneial-4, o toro residencial foi concebido especificamente para fins residenciais. Uma vez que reconhecemos a necessidade de outras comodidades para além das "residências" como um fator importante na criação de um local habitável para os seres humanos, as outras comodidades estão contidas numa estrutura em forma de arco, integrada no toro principal, conhecida como o **"Arco de Amenidades",** que alberga todas as actividades residenciais. Com a facilidade de entrada no arco de amenidades, apenas através das vias normais presentes, estas proporcionam uma área fácil e exclusiva para o lazer das pessoas e satisfação de outras necessidades do quotidiano. É constituído por 1g.

> **1/2 g Torus**: O toro ^ g acomoda, como o nome sugere, as actividades ^ g na povoação. Situado abaixo do toro residencial, com a mesma interface de rotação, este toro tem /$^1{}_2$ g, devido à velocidade de rotação diferente da do toro residencial. Alberga os Residentes Temporários dos Turistas, bem como Observatórios Científicos, e oferece espaço para /$^1{}_2$ g Experimentação e I&D.

> **Docas**: Situadas nos lados superior e inferior do hiperboloide axial, são em número de duas e têm espaço para vários equipamentos de manuseamento de carga e também para aterrar e descolar da colónia de forma fácil e eficiente. A doca superior destina-se principalmente à movimentação de carga, enquanto a doca inferior está presente mais perto do toro /$^1{}_2$ g, pelo que pode ser utilizada mais especificamente para o transporte humano, para fora e para dentro da colónia espacial Aerodorneial-4. (Para mais informações, consultar 3.3 Infra-estruturas espaciais)

2.1.3 Estabilidade

A estabilidade da estrutura, definida normalmente pelo facto de a estrutura manter a simetria com as suas partes correspondentes da esquerda para a direita e também de cima para baixo. Este facto também tem a sua utilidade no caso da estrutura do Aerodorneil-4. Esta simetria não só facilita a colocação e a manutenção dos mecanismos de impulso, como também ajuda a suportar os choques, fazendo-os incidir sobre todo o assentamento de forma igual, em vez de se concentrarem num "canto", o que é adequado, ao contrário da estrutura que criámos.

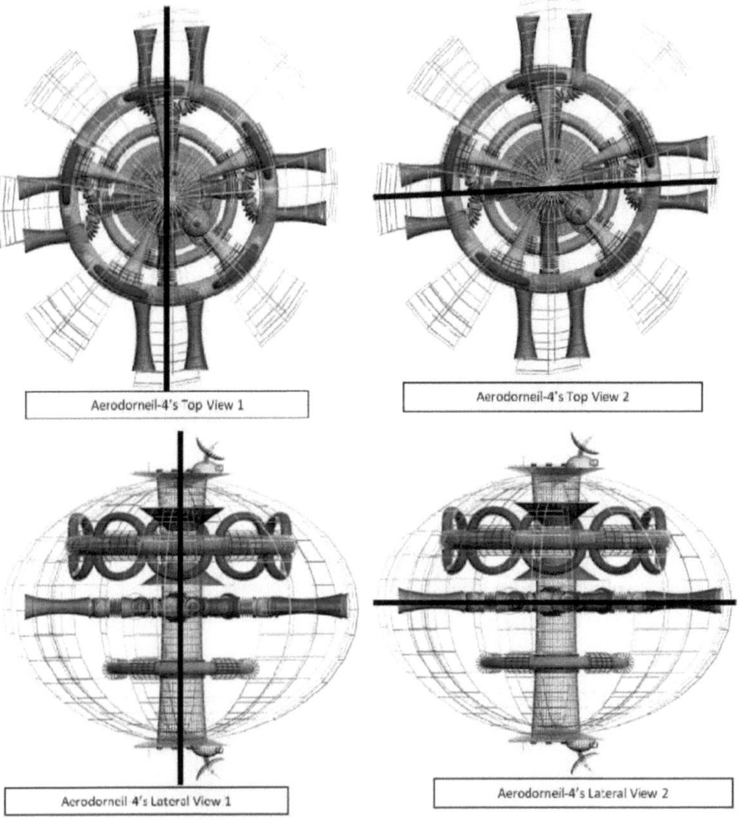

Fig 2.1.3 Simetria do Aerodorneial-4

2.1.4 Técnicas de isolamento

Sendo uma maravilha feita pelo Homem, espera-se que a Colónia Espacial Aerodorneial-4 funcione bem, mas em qualquer caso de emergência ou perigo, uma das principais vantagens desta maravilha feita pelo Homem é o facto de podermos instalar e preparar planos viáveis e práticos, que podem ajudar os cidadãos da Colónia Espacial a isolar e até a evacuar a Colónia Espacial, em caso de grandes estragos. Sendo esta uma medida de segurança importante para os cidadãos, foi concebida de forma crítica. Os seus principais passos e caraterísticas são:

> Uma catástrofe grave e irreparável é detectada pela gigantesca rede de sensores, que é enviada como informação para a base de rede do Sistema de Servidores Associados.

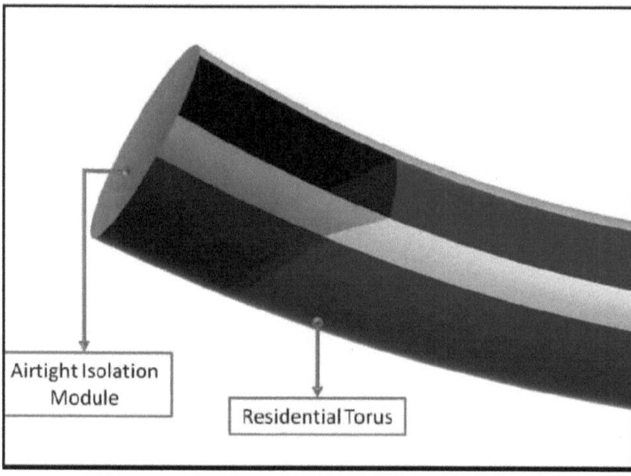

> São tomadas medidas de correção para a segurança temporária dos cidadãos, uma vez que o tempo de resposta para a evacuação é superior a 6 minutos.

> As fendas do teto falso descem e cobrem a secção transversal do toro, tornando-o assim estanque ao ar, de ambos os lados de um determinado segmento.

> Estes tectos falsos são instalados em 16 locais diferentes, que farão o mesmo trabalho e, assim, o Toro Residencial será dividido em 16 unidades isoladas independentes.

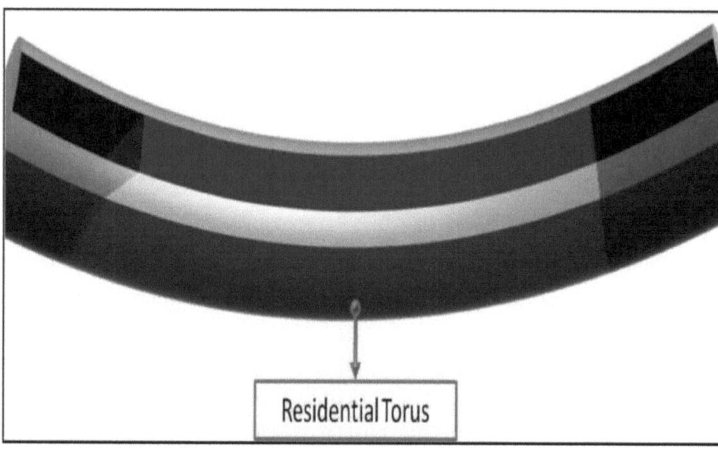

> Se forem dadas ordens para evacuar a povoação, devem ser tomadas outras medidas.

> As partes isoladas do assentamento são agarradas pelos braços extensíveis, presentes em cada unidade da esfera segmentada.

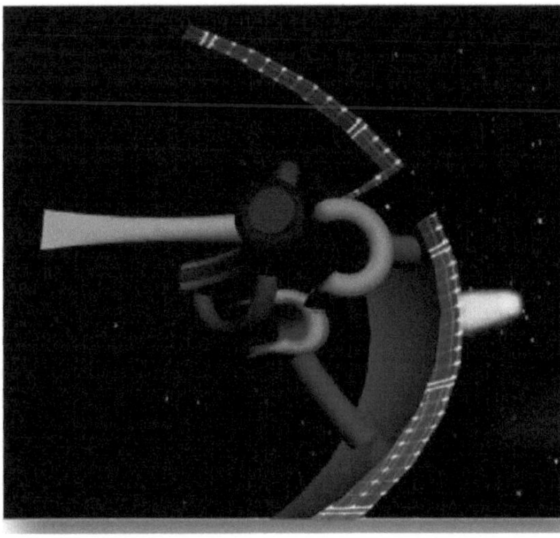

> Estes braços deslocam as unidades isoladas na sua direção e fixam-nas na superfície interna dos Orbes.

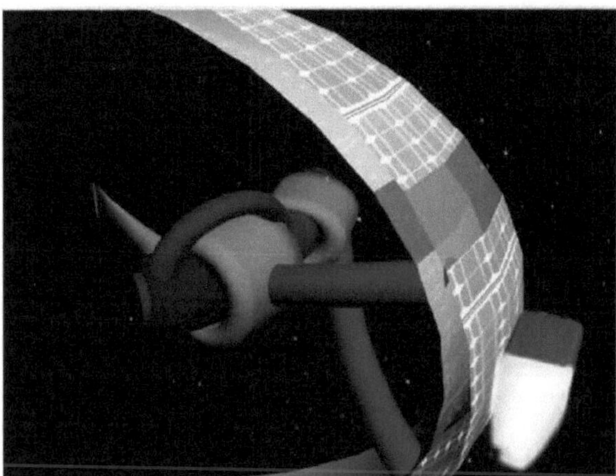

> Assim, cada uma das oito unidades resultantes é separada e autossuficiente em termos de Energia (Painéis solares na superfície exterior dos Orbes Segmentados), Alimentação e outras necessidades (Sob o Chão das Residências, no Toro Residencial).

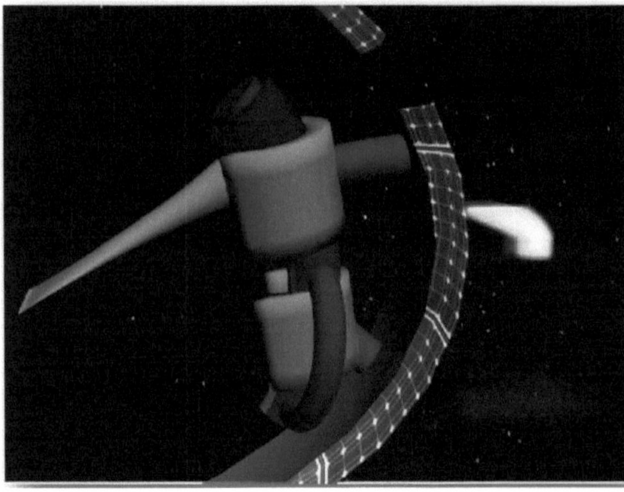

2.1.5 Proteção contra radiações

	MATERIAL	REASON	THICKNESS	COLOUR
1	Aluminium Foam	Is Highly Compressible, and can resist shocks.	2m	
2	Silicon Aerogel with Carbon	Stronger and light & superior shielding properties.	1m	
3	Demron Cloth	High Radiation Resistive Capacity	1.5m	
4	Aramids	High Resistive and Non-Conductive fabric	2m	
5	Neoprene Coated Nylon	Great abrasion resistance and tear strength, and is UV resistant	1m	
6	Vycor Glass	High Temperature and Thermal Shock Resistant	1m	
7	DWNTs+ Hydrogen fullerenes	Exceptional mechanical strength, thermal stability and enhanced proton radiation shielding efficiency.	0.1m	
8	Fibre glass fabric	Used as Heat Maintaining material	1.5m	
9	Titanium matrix composite with silicone carbide	High structural & tensile strength, radiation & fire resistant	1.5m	
10	RTV-3145	Used as Adhesive between the layers	NA	Invisible
11	UHMWPE Nano-epoxy composite	For repair of damages, good adhesion & excellent heat & chemical/radiation resistance	NA	Invisible
		Total Thickness	**11.6 m**	

Quadro 2.1.5 Materiais de proteção contra radiações

Sequence of Radiation Shielding Materials

Fig 2.1.5 Camadas de proteção contra radiações

2.1.6 Raios

O Toro e o Cilindro Axial, como bem descrito acima, constituem o casco básico principal do assentamento, mas como esses dois serão acoplados? E a resposta ideal para os engenheiros estruturais deste assentamento do Aerodomeil-4, bateu como "Spokes". Sim, os raios, para além de servirem apenas para ligar os componentes mais fundamentais do casco, servem também para a absorção de choques e sua divisão, em todo o assentamento, de modo a que a intensidade do choque seja reduzida. O outro ponto vantajoso que estes

Os raios hiperbolóides também suportam eficazmente a tensão e mantêm as estruturas de suporte de peso maciço, mesmo quando estão a rodar com propulsores de alta potência.

Os dois tipos de raios que foram utilizados no Aerodorncil-4 são:

> O raio hiperboloide

A fim de manter o toro suficientemente ligado e bem unido com vias de transporte para o hiperboloide axial, e também para fornecer o maior apoio e estrutura de suporte de tensão, enquanto a iniciação e manutenção da rotação, estes raios são bem concebidos para fazer tudo, de cima para baixo, de forma eficiente e exclusivamente o melhor para o que eles são projetados. Composta por nanotubos de carbono reforçados e liga de titânio-alumínio como componentes principais, esta estrutura é adequada para suportar um peso enorme, como o do toro residencial e $/^1{}_2$.

The Hyperboloid Spoke

> O Orbo-Spoke Major

O raio que é concebido principalmente para apoiar e fazer toda a estrutura como um só, embora possa ser através de mecanismos de transporte, ou mecanismos de ligação, pode ser simplesmente chamado como este. Para além de ser um raio principal que liga o hiperboloide axial e os orbes segmentados a partir do centro, ajuda a dar à estrutura a sua principal fonte de força, na qual se pode confiar para a sua estabilidade estrutural.

Com amortecedores de choque na junta central, proporciona também uma elevada capacidade de resistência à pressão, para além de suportar as tensões que acompanham a estrutura. É também constituído por cabos que transmitem a energia eléctrica, produzida pelos painéis solares, presentes na superfície exterior dos Orbes.

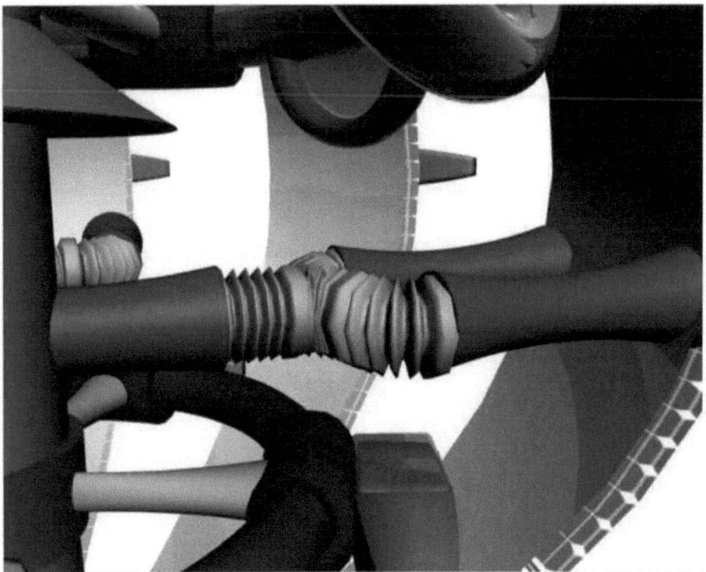

The Major-Orbo Spoke

1.1.7 Propulsores

O Aerodorneial-4 é constituído por sistemas e mecanismos de propulsão precisos e de eficiência de ponta, que ajudam a iniciar a rotação e também a manter e equilibrar o assentamento na sua trajetória e nas suas orientações corretas. Existem vários tipos de propulsores que foram instalados no Aerodorneial-4 Space Settlement, que ajudam nos contextos corretos e adequados:

- ***M*** Propulsor Magnetoplasmodinâmico (MPDT): Estes propulsores são instalados na superfície exterior do Toro Residencial (em número de 5) e do Toro $/^{1}_{2}$ g (em número de 4), nas fases iniciais, para o início da rotação das secções rotativas da colónia. É assim utilizado porque tem um elevado potencial para níveis de impulso e pode produzir impulsos específicos muito elevados. Além disso, revela-se um mecanismo de propulsão muito eficiente em termos de combustível. Estes propulsores serão retirados da povoação de forma segura, após a sua utilização.
- ***H*** Propulsor de efeito Hall: Sendo um tipo de Propulsor de Iões, está presente nas superfícies exteriores dos Orbes Segmentados (1 em cada segmento), do Toro Residencial (em número de 4) e do Toro $/^{1}_{2}$ g (em número de 3), de forma a regular as velocidades de rotação, bem como equilibrar o assentamento.
- ***V*** Foguete de Magnetoplasma de Impulso Específico Variável (VASIMR): Um tipo de propulsor eletromagnético, utilizado como propulsor de reserva.

1.1.8 Luz solar natural

De acordo com os requisitos, a luz solar natural na Colónia Espacial Aeodorneial-4 foi fornecida por uma série de Lentes, Óculos e Espelhos, que atingem diretamente o Toro Residencial, passando através de várias camadas de ar embalado:

- Partículas de Titânio e Óxido de Zinco: utilizadas para a prevenção da passagem dos raios UV.
- Moléculas orgânicas: como a Dioxibenzona, a Oxibenzona, a Sulisobenzona, para absorver a luz infravermelha.
- Ozono: A camada de vidro, preenchida com O_3 , entre elas, para evitar que outras radiações nocivas entrem na povoação através destas janelas.

Fig 2.1.6 Sistema composto de espelhos

2.2 CONFIGURAÇÃO INTERIOR

2.2.1 Toro residencial

A Colónia Espacial Aerodoeneil-4 foi idealmente criada para ser uma verdadeira morada para as pessoas que vivem atualmente na Terra, e foi concebida com tantos pormenores, que os cidadãos e turistas desta Colónia Espacial não terão de sacrificar muito do estilo de vida que costumavam desfrutar anteriormente, enquanto viviam aqui na Terra. O Toro Residencial proporcionará um ambiente seguro, agradável e habitável para 10.000 pessoas viverem confortavelmente, com o fornecimento de todas as necessidades fundamentais. Para além dos lotes residenciais e das estradas e caminhos, o toro residencial inclui o Amenity-Arch, que passa através do toro, acomodando as outras instalações, incluindo instituições de ensino, locais de compras, mercearias, áreas recreativas e outras comodidades que facilitam a vida dos cidadãos que aí residem.

O plano agrícola tem uma grande utilidade para a povoação. Com efeito, se for atribuído um terreno na superfície inferior, este processo ocupará uma grande parte da povoação, o que implica a perda de eficácia de uma área e um enorme desperdício de material. Este plano agrícola é decidido no toro residencial, no telhado, o teto visível para as pessoas. Este plano será parecido com a figura da secção 3.2.2.

Isto não só permite que o plano de agricultura seja utilizado ao máximo, como também permite que os engenheiros da Aerodorneil-4 Space Settlement criem um ambiente adequado para o crescimento dos planos e um sistema exclusivo para os bots de agricultura, módulos e a sua facilidade de utilização.

2.2.2 Zona Industrial

As indústrias, que são um grande requisito para a economia de qualquer cidade/vila/assentamento, foram tidas em grande consideração durante a conceção da Colónia Espacial Aerodorneial-4. As instalações industriais estão muito bem disponíveis na colónia, ou seja, **as indústrias 0g**, bem como **as indústrias $/^{1}{}_{2}$ g.**

As indústrias 0g, estando situadas no Orbe Segmentado, são de grande utilidade, pois estão totalmente separadas da Área Residencial, destinada aos cidadãos da povoação, além disso, estas indústrias estão bem interligadas para um transporte fácil e eficiente para as Docas, $/^{1}{}_{2}$ g Torus e bem como para o Torus Residencial. Estas indústrias serão geridas principalmente pela Monitorização Humana a partir do Torus, e instruindo as máquinas e mecanismos automatizados para trabalharem de acordo com as necessidades das pessoas.

O $/^{1}{}_{2}$ g Torus é constituído por indústrias, alojamentos para microactividades g, bem como por uma área residencial temporária para 200 pessoas, com o fornecimento das suas comodidades básicas, de modo a ajudá-las a adaptarem-se ao ambiente do Aerodorneial-4 Space Settlement, antes de entrarem no Torus Residencial principal. As indústrias neste toro serão também separadas por mecanismos de isolamento, que evitarão qualquer perturbação ou vulnerabilidade a qualquer perigo proveniente das actividades industriais.

2.2.3 Gravidade artificial

Sendo uma das necessidades mais básicas para se viver em qualquer corpo celeste ou em qualquer outro assentamento no espaço, um dos critérios mais fundamentais que constituem um grande desafio para os engenheiros, tem sido sempre uma longa lista, que é normalmente coroada pelo critério mais básico 'Pseudo-Gravidade'. No Aerodomeil-4 a gravidade será fornecida por meios artificiais, ou seja, pelo uso da falta de força centrípeta, ou em geral a força centrífuga, que segundo uma explicação simples, empurrará a matéria para fora, dentro de uma figura fechada, quando essa figura é rodada em torno de um eixo. Esta velocidade de rotação decide a quantidade de pseudo-g que é criada na superfície da figura fechada.

Desde então,

Force=ma

$FC=mv/r^2$

Aqui, m= Massa da matéria nas paredes da estrutura fechada.

a= aceleração (para fora devido à força centrífuga)

v= velocidade da estrutura fechada t= período de tempo

r=raio da estrutura fechada (Toro Residencial da povoação)

Equação das duas equações anteriores,

For the Residential Torus,

$$\not{m}a=\not{m}v^2/r;$$
$$a = (2\pi r/t)^2 / r;$$
$$a = (4 * 3.14^2 * r)/ t^2$$
$$a= (4 * 9.8 * 1166.9)/ t^2$$
$$9.8m/s^2=a \rightarrow 1g$$

when t=68.52 seconds

For the 1/2g Torus,

$$a = (2\pi r/t)^2 / r;$$
$$a= (4 * 9.8 * 466.79)/ t^2$$
$$a=4.9m/s^2= ½ g$$

when, t= 61.35 seconds

Fundamentação: O Aerodorneil-4 move-se a 0.875rpm, de modo a criar 1g, na superfície inferior do Toro Residencial e outro $/^1{}_2$ g torus move-se a 0.97rpm de modo a criar g/2 na superfície inferior do $/^1{}_2$ g Torus.

2.2. 4Volumes pressurizados e não pressurizados

O Ar e a Pressão Atmosférica, são duas necessidades fundamentais, que constituem a maior parte para se aventurar em qualquer lugar, em busca de habitação humana. Uma vez que a manutenção da composição do ar e da pressão é um processo realmente complexo, ainda mais complexa é a ideia de pressurizar secções, de modo a servir os seres humanos. Não há muito ar disponível fora do espaço, que seja viável para nós, e por isso, temos que trabalhar esta ideia, para fazer um equilíbrio com a viabilidade e disponibilidade deste requisito básico para suportar uma grande população humana. Resumidamente, a ideia que tivemos é criar volumes diferenciados pressurizados e não pressurizados, de modo a poupar a quantidade de ar e os mecanismos de regulação que temos de instalar na colónia. Esta diferença de volumes fechados, onde a pressurização será efectuada no assentamento, é mostrada na figura seguinte.

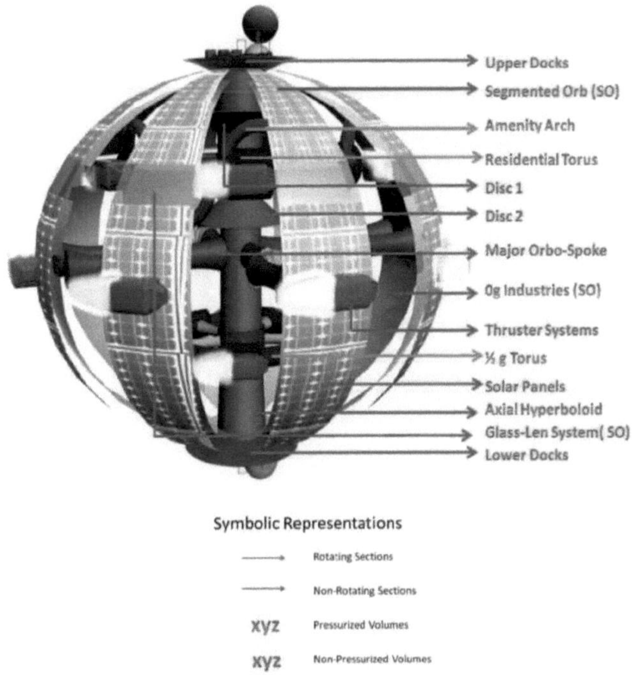

Fig 2.2.4 Diferentes secções integradas do Aerodorneial-4

2.2.5Transporte e armazenamento

As vias de transporte, no interior da povoação, são uma parte realmente importante da estrutura, sem a qual se pode dizer que a estrutura ficou certamente manchada. As vias de transporte no povoado estão representadas nas figuras abaixo. Também para facilitar o processo de transporte da carga, das docas para as indústrias, presentes no Orbe Segmentado, cada um dos Segmentos do SO é provido de área de Armazenamento, para a Carga, e assim, a facilidade de importação e exportação de carga é possível, devido à disponibilidade aliviada do armazenamento de carga, em áreas de fácil acesso, nas micro-indústrias.

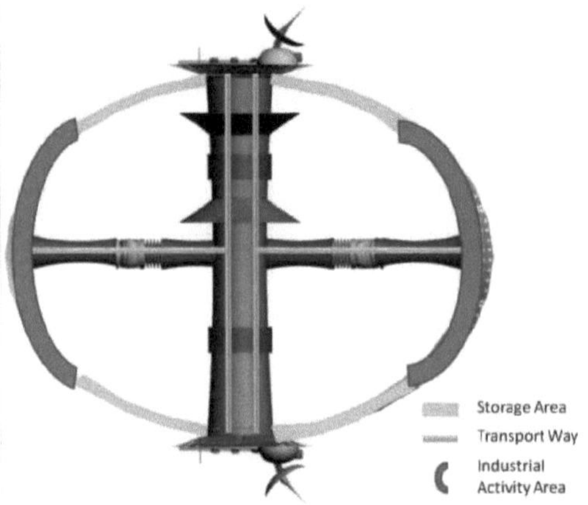

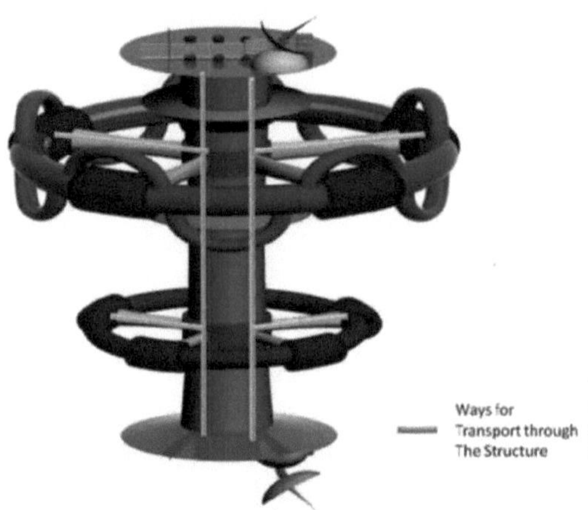

2.2.6 Interface de rotação

O assentamento, tal como definido nas secções anteriores, utiliza a força centrífuga, ou seja, a rotação para produzir a pseudo-gravidade. Uma vez que não é prático rodar toda a estrutura, a melhor ideia é rodar apenas as estruturas habitáveis, onde a gravidade é necessária. Assim, o Torus Residencial e o $/^{1}{}_{2}$ g Torus são rodados em torno do eixo central, que passa pelo cilindro axial. Esta rotação é facilitada pela interface rotacional, que contém rolamentos de esferas, encerrados numa fenda, presente no hiperboloide axial, juntamente com uma mistura de cristais líquidos (20%) devido às suas grandes propriedades lubrificantes, juntamente com líquidos iónicos, para proporcionar estabilidade térmica e não inflamabilidade como propriedades principais, juntamente com outras propriedades importantes, específicas de tipos de líquidos iónicos como o bis (trifluorometanosulfonil) imida de N-butil-N-metilpirrolidínio, a fim de reduzir o atrito superficial e o desgaste das peças do assentamento e facilitar a rotação eficiente e fácil dos toros. O mecanismo de rotação de ambos os toros é o mesmo e está identificado da seguinte forma.

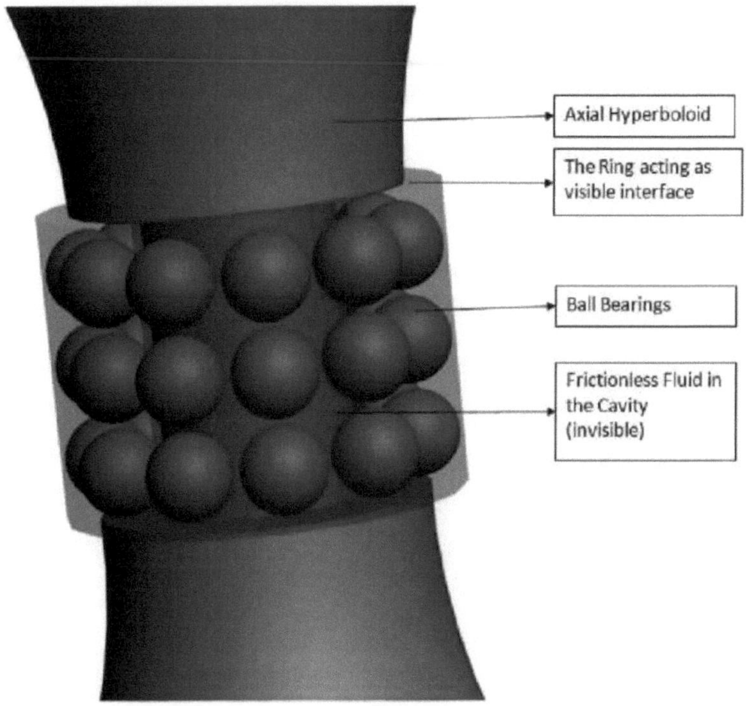

Fig 2.2.6 Interface de rotação

São efectuadas camadas absorventes nas superfícies que suportam os rolamentos de esferas entre si. Também são feitas tubagens que fornecem o líquido, quando é necessário regular (conforme monitorizado pelo SA_SSN), e nas quantidades necessárias, de modo a manter a eficiência da interface de rotação.

2.3 SEQUÊNCIA DE CONSTRUÇÃO

A Sequência de Construção da povoação é muito importante, pois sugere claramente como serão montados os principais componentes do casco, e como a povoação vai manter a estabilidade, nas fases, enquanto está a ser construída. Os robots fornecidos pelo Departamento de Automação da Aerodorneil- 4 ajudam muito na construção da estrutura da colónia. Primeiramente, será formada uma base na Lua, para acompanhamento contínuo da construção da colónia, até que esta esteja concluída e localizada na sua posição Terra-Lua L4. Será preparada uma estrutura com rede de arame em forma de favo de mel na superfície da lua, após o que terá lugar a construção efectiva da colónia. Com a maioria dos materiais de construção encontrados nas proximidades (na Lua) e outros fornecidos da Terra, contribui-se para o fornecimento eficiente de materiais para a infraestrutura da colónia. Outros factores para a escolha deste local para a construção são a baixa altitude na Lua, que torna as máquinas automatizadas mais eficientes, e a distância adequada da Terra, que também contribui para uma boa monitorização da construção da povoação pelos humanos. As sequências de construção são apresentadas de seguida:

Phases	Description	Picture
Phase I	Honey-comb wire-mesh structure of whole settlement will be prepared, in individual major hull components manufacturing and assembly unit	
Phase II	*Tiling*: It will be done, in the second stage, when the basic skeletal hull will be present, of the basic Axial-Hyperboloid, and the two tori, with incomplete construction of the Segmented Orb. But the built segments of the Orb will be functional in capturing the Solar Power, so as to provide a constant energy backup and support.	

Phase III	The Interior Furnishing and strengthening the interfaces and major joints of the key weight bearing structures.	
Phase IV	The completion of construction of Segmented Orb, and its Tiling. The installment of docks shall take place in this phase.	
Phase V	The interior furnishing of the Segmented Orbs.	

Phase VI	Transportation of settlement to its determined position, i.e. Earth Moon L-4 and the initiation of installation and inspection of the basic life support systems of the settlement.	
Phase VII	Completion of the Settlement, with the installment of Docks, and final installment of backup system. After 2 years from now, the settlement will be ready to welcome citizens and tourists.	

Quadro 2.3 Sequência de construção

2.4 CONCEÇÃO DA CÂMARA DE VÁCUO

Uma vez que a colónia Aerodorneial-4 oferece condições pressurizadas adequadas no interior da colónia para as pessoas trabalharem e viverem, os engenheiros também planearam câmaras de ar, a fim de estabelecer contactos fora do casco da colónia. Isto é feito através de um plano à prova de ar, a fim de impedir que qualquer ar escape do volume pressurizado destinado, onde é suposto estar. Propomos duas concepções, nomeadamente a Conceção Especial de Carga, utilizada principalmente para o manuseamento de carga, e a Conceção Especial Humana, utilizada principalmente para a entrada de seres humanos no interior da povoação.

Airlock Type 1: Cargo Special	
Steps	**Depiction**
Step 1: Normal Condition	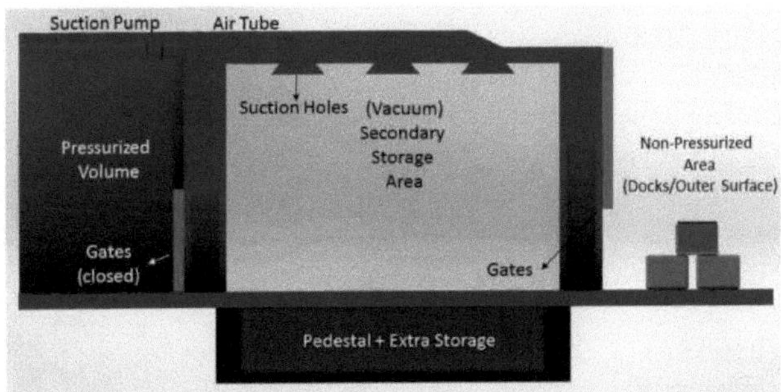
Step 2: When cargo arrives, the Outer Gate will Opened, and the Cargo can move to the Storage Area	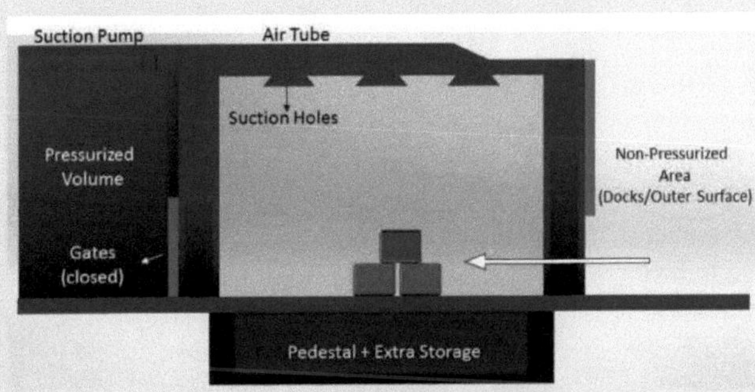

Step 3: The Cargo is moves in, and the Secondary Area is again Air-tightened, where cargo is already placed. Cleaning of the cargo takes place by automated machines, in order to prevent any Space Dust entering the Settlement's Habitable Volumes.	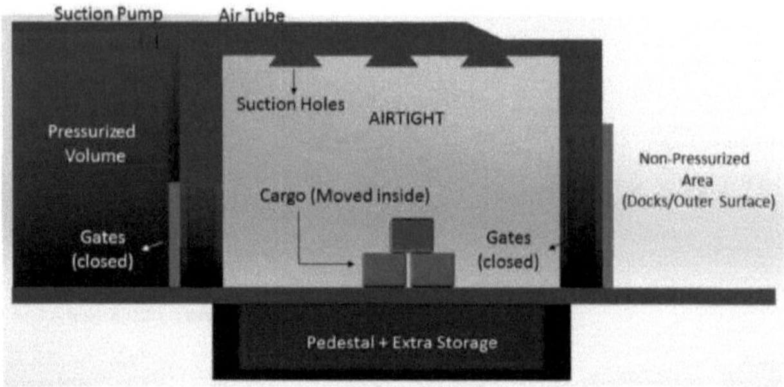
Step 4: The Pressurized Volume's Gates are opened and the Cargo is moved in from the Secondary Storage Area. Air rushes in the Secondary Storage Area, which was earlier an Unpressurized Volume.	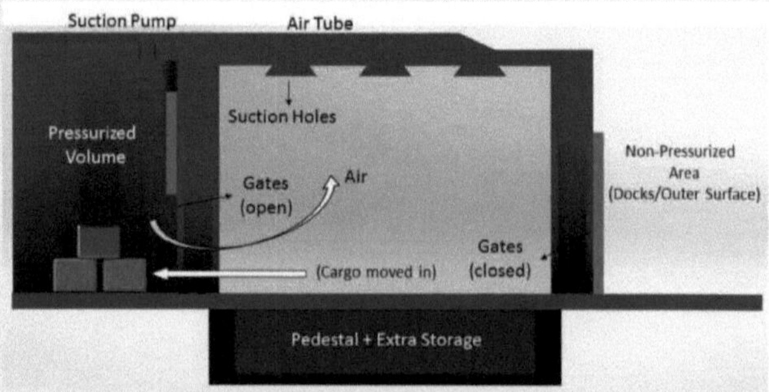

Step 5: The Gates of the Pressurized Volumes are closed and made airtight again. From the Secondary Storage area, air is again sucked in, and thus, a Non-Pressurized Area is created again. Cargo has also been moved inside the Settlement's Pressurized Volume.	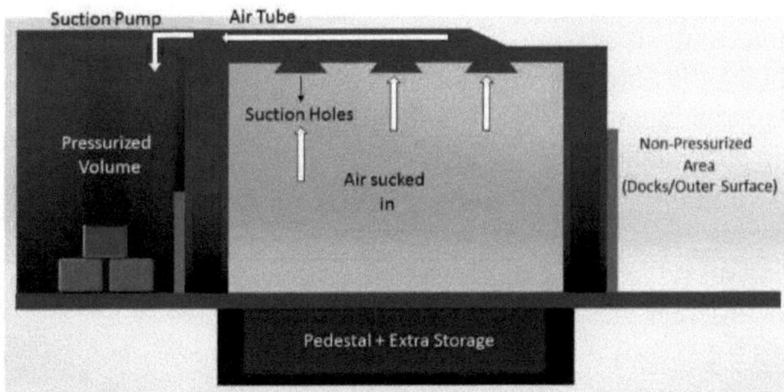

Airlock Type 2: Human Special	
Steps	**Depiction**
Step 1: Normal Condition	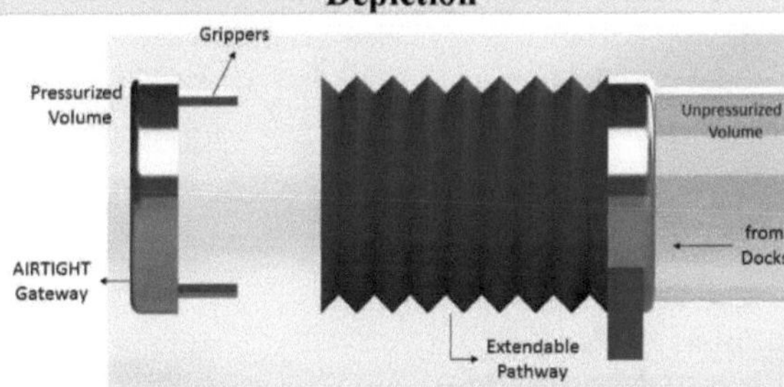

Step 2: When people arrive in the Spacesuits, from the docks, the gates of the extendable pathway are opened, from which they reach the gateway of the Settlement, which is not yet Open.	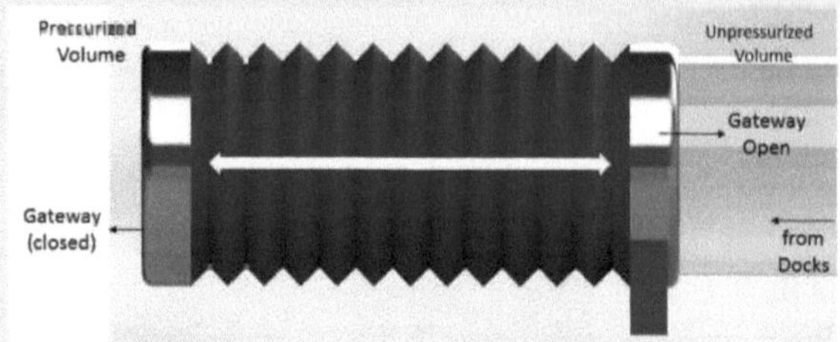
Step 3: The First Gateway is closed followed by the second one, opening into the Pressurized volume, from where the people reach the settlement. Then, before the Extendable pathway moves back, the air is again sucked in, and then the Pressurized Volumes are again made airtight, to as to check any air loss.	

Posicionamento das câmaras de ar

As câmaras de ar, como partes necessárias de uma povoação espacial, estão presentes apenas nos locais mais importantes, de modo a manter uma boa monitorização em cada um deles. Estão maioritariamente concentradas nas áreas situadas perto das docas e no hiperboloide axial. Estas câmaras de ar permitirão que as pessoas e a carga entrem e saiam da povoação de forma eficiente.

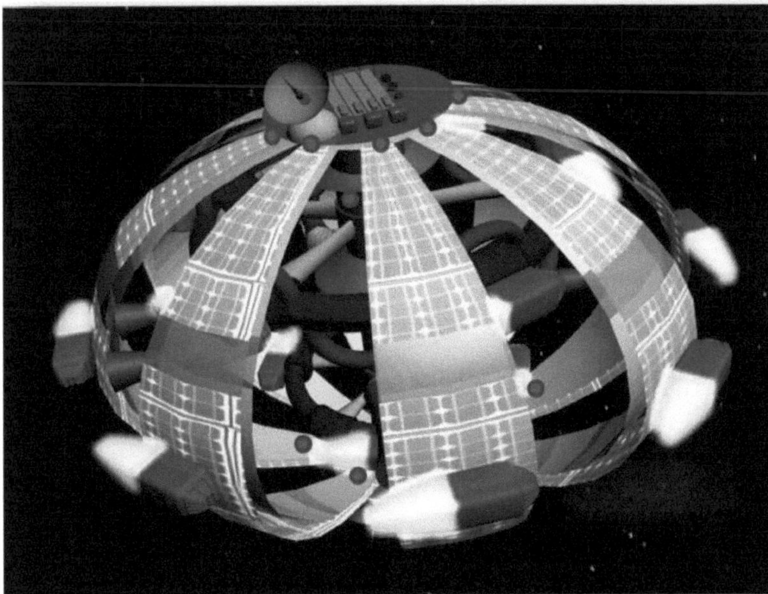

(Os pontos vermelhos na figura identificam o posicionamento das câmaras de ar)

CAPÍTULO 3

Engenharia de exploração e de infra-estruturas

*Empenhado em melhorar o melhor, o Departamento de Engenharia de Operações e Infra-estruturas da Colónia **Espacial Aerodorneial-4** tem procurado entrar numa nova arena, que não só explora os processos, materiais e recursos que se revelam muito eficientes, mas também concebe os sistemas de forma única, mantendo os custos e a viabilidade em contacto. Esta arena das ideias inovadoras de colorir o interior da estrutura, com as ideias com que a mente humana sonha, na sua vida quotidiana, é o que simplesmente significa a simplicidade, praticidade e viabilidade das Operações.*

3.1 LOCALIZAÇÃO E FONTES DE MATERIAL

3.1.1 Localização orbital e cálculos

	Stability	Feasibility	Transport	Cost Efficient	Total
Earth-Moon L4/L5	8	8	9	9	33
Sun-Moon Orbit	6	7	6	7	26
Lunar Polar Orbit	7	8	8	6	29
Sun-Mars Orbit	8	4	2	1	15
Mars Polar Orbit	4	4	2	2	12

Quadro 3.1.1 Estudo comercial das possíveis localizações de um aglomerado populacional

Para operar eficazmente na órbita terrestre e estar sempre ao alcance da Terra para outros recursos, recomendamos vivamente (Quadro 3.1.1) que a posição mais estável neste sistema seja o ponto L4 (como na Fig. 3.1.1.).

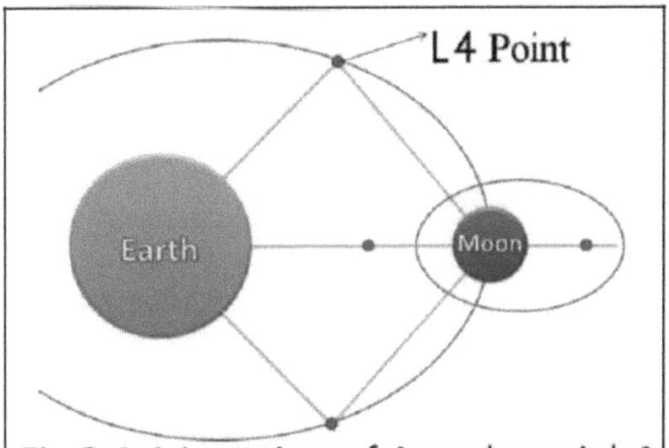

Fig 3.1.1 Location of Aerodorneial-4

3.1.2 Fontes de materiais

O Aerodorneial-4 terá como objetivo obter o mínimo de material necessário a partir da base terrestre, ao mesmo tempo que obterá a maior parte das suas necessidades a partir da Lua

Material	Source	Utility
Titanium	Moon	For providing Structural Strength.
Silicon	Moon	Mainly In Electrical Appliances.
Carbon Nanotubes	Earth	High Tensile Strength and used in Structure.
Aluminum	Moon	Lightweight Metal, used in Structure as alloy.
Silica Aerogel	Earth	Used mainly in lubrication and Dust Mitigation.
Nitrogen	Asteroids	Major Component in Atmosphere.
Other Gases	Earth	For maintaining the Atmospheric Composition.
Iron	Moon	Used in Structure for providing strength.
Magnesium	Earth	Used in varied fields.
GaAs (Gallium Arsenide)	Earth	Used for providing heat resistance.
RTV-3145 Adhesive	Earth	Used as Adhesive.
Oxygen	Earth	Needed for survival of humans.
Water	Moon (Polar Craters)	Needed for survival of humans.
Carbon	Asteroids	Needed for plants in form of Carbon Dioxide mainly.

Quadro 3.1.2 Fontes de materiais e sua utilidade

3.2 INFRA-ESTRUTURAS COMUNITÁRIAS

3.2.1 Controlo da atmosfera/clima/clima

Gases	Percentage	Sources	Quantity (in tons)
Oxygen	19 %	Photosynthesis by-product Electrolysis of water	540,421,168.4
Nitrogen	79 %	Waste matter breakdown	2,247,014,332
Carbon Dioxide	1.5 %	Through industries as a by-product	42,664,829.08
Others	0.4 %	Earth	11,377,287.76
Water Vapor	Variable	Through perspiration	2,844,321.939
Total		**2,844,321,939**	

Tabela 3.2.1 Composição da atmosfera de Aerodorneial-4

There will be two systems for regulation of temperature on Aerodorneial-4:

1. The Heat from the recovery processes- Incineration, Biomass Energy, and Plasma Arc Gasification, will be supplied to the houses to regulate the temperature conditions.
2. A Ducting System, for temperature regulation, in normal conditions, when the temperature is on a hike, presently used Air-Conditioning system will be used, which will supply cool air, all over the torus, through small openings on the roofs of the whole covering area. The same openings and ducts will be used in case of low temperatures(in case of apogee).

A pressão atmosférica da povoação será bem regulada através de diferentes sensores espalhados por toda a povoação. A povoação será mantida a 760 torrs (1 atm) no toro residencial. Esta pressão ajudará os cidadãos a sentirem-se confortáveis e não os deixará doentes no espaço. Além disso, as suas actividades metabólicas não serão perturbadas. Na zona agrícola, a relação entre o dióxido de carbono e o oxigénio será maior. A zona industrial e o sector das docas serão desprovidos de atmosfera e de instalações meteorológicas.

Seasoned Fun

Aerodorneial-4 will also facilitate its citizens with seasonable amusements parks. These parks will have sections of which the seasons can be monitored. A schedule will be displayed in the parks that will have the timings of the different seasons.

3.2.2 Produção alimentar

	Feasibility	Efficiency	Cost	Total
Geoponics	4	8	2	14
Hydroponics	2	6	4	12
Aeroponics	8	6	6	20
Vibraponics	9	6	8	23

Quadro 3.2.2.1 Estudo comercial de possíveis técnicas de cultivo

Growing

- The plants will be grown by a technique known as Vibraponics. In this technique the plants will grown on a stack of cuboids

Harvesting

- The harvesting process will be operated by a Harvesto which will detect the harvested plants and will then harvest it . As soon as the robot will harvest the ripe plants, the remains will also be collected by Depotnell and will be taken to an incineration area.

Processing

- The ripen plants will then be processed, and a specific amount of food items will be converted into delicious food items.

Packing/ Storing

- There will be different kinds of laminated films that will be able to preserve the freshness of the consumables in it till it is delivered to the respective destination.

Delivery

- The processed/prepared food will be available on the grocery shops. The raw material will be delivered to each residential area via regular trucks.

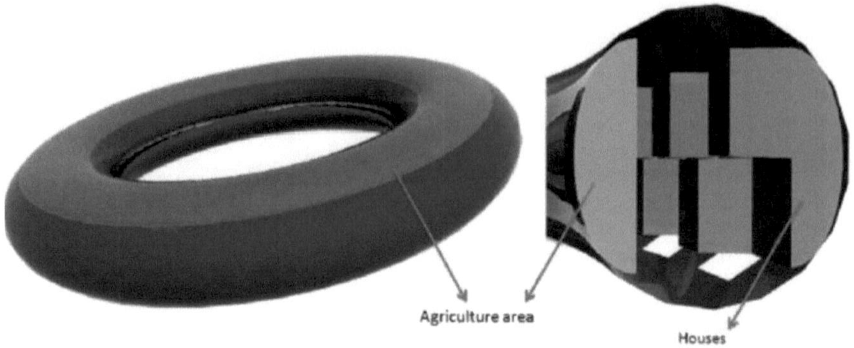

Agricultural Plan (Torus View) *Agricultural Plan (Cross-section View)*

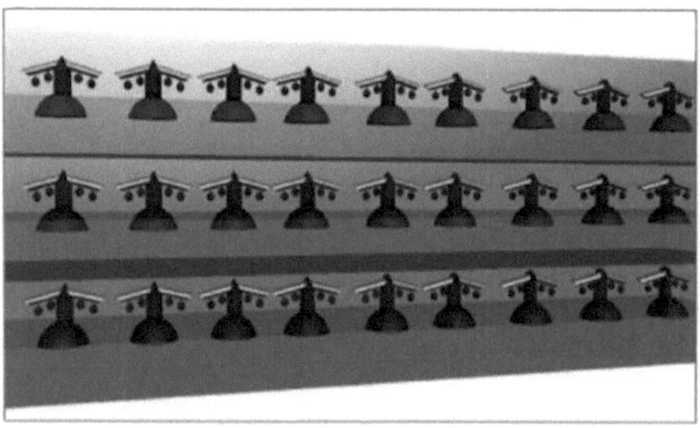

Fig 3.2.2.1 Estrutura para o cultivo de plantas

O sistema vibraponico é a forma avançada de aeroponia, que por sua vez consome menos água e, portanto, menos meio nutriente, enquanto que em troca fornecerá uma melhor qualidade de alimentos para consumo. Desta forma, os cidadãos de Aerodorneial-4 terão à sua disposição as plantas mais frescas e naturais para a sua alimentação.

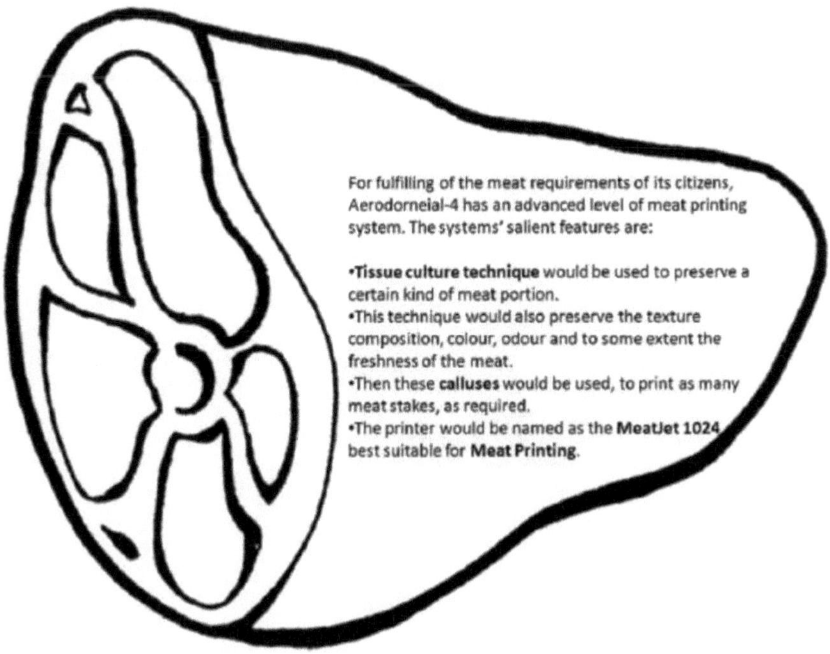

Laminated film	Typical food applications
Polyvinylidene chloride coated polypropylene (2 layers)	Crisps, snack foods, confectionery, ice cream, biscuits, chocolate
Polyvinylidene chloride coated polypropylene-polyethylene	Bakery products, cheeses, confectionery, dried fruit, frozen vegetables
Cellulose-polyethylene-cellulose	Pies, crusty bread, bacon, coffee, cooked meats, cheeses
Cellulose acetate-paper-foil-polyethylene	Dried soups
Metallized polyester-polyethylene	Coffee, dried milk
Polyethylene-aluminum-paper	Dried soup, dried vegetables,

Quadro 3.2.2.2 Material de embalagem de alimentos

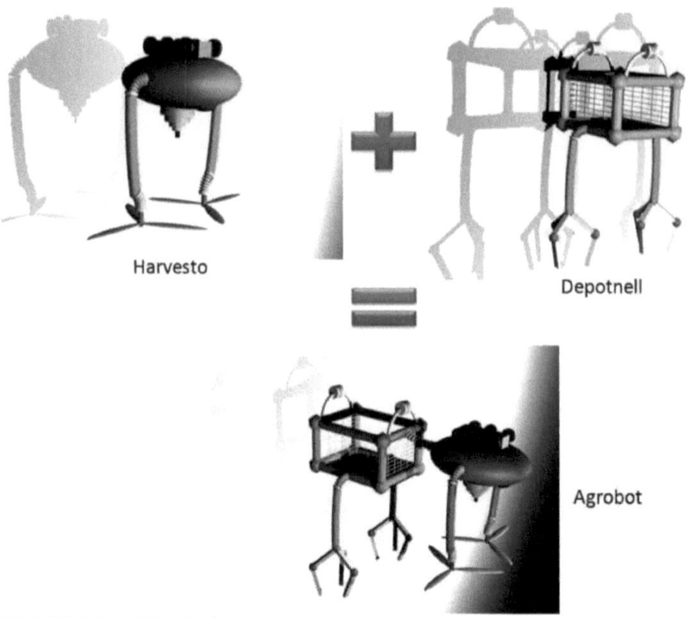

Fig 3.2.2.2 A combinação Agrobot

3.2.3 Produção de eletricidade

Method	Efficiency	Feasibility	Cost	Total
Hydrogen Fuel Cells	5	8	4	17
Solar Paint	4	6	6	16
SPS	6	6	2	14
Solar Panels	8	6	6	20
Thermal Energy	4	4	2	10

Tabela 3.2.3.1 Estudo comercial das possíveis técnicas de produção de energia eléctrica

The minimal electricity requirements of Aerodorneial-4, will be settled by the use of Hydrogen Fuel Cells.

The electricity will be provided to the residents of Aerodorneial-4, by the usage of Photovoltaic cells or the solar panels. The solar panel is covered on the outer layer of Aerodorneial-4, which will increase the area for solar power trapped, as it will be always facing the sun. It is also viable for the best utilization of the hemispherical dome shaped structure.

⇒

The solar panels will be covered with a layer of Gallium Arsenide which will help it to resist the extreme hot temperatures or the solar flares. The DC power will be converted to AC power with the help of 'Gel Battery', which will then store the power acquired.

⇒

The power thus generated will be supplied to the industrial area as well as the residential area. The solar constant is 1.12 Kwh/ft^2, with an efficiency of 17.24 %. Total energy required: 20,32,896 Kwh Total area required for solar panels:50,135,376.2 ft^2

Purpose	Wattage Requirement (Kwh)
Rotation Initiation	203289.6
Residential Facilities	609868.7
Industrial Processes	304934.4
Automation	304934.4
Miscellaneous	609868.7
Total	2032896

Tabela 3.2.3.2 Necessidade de distribuição de energia

Fig 3.2.3 Placement of Solar Panels

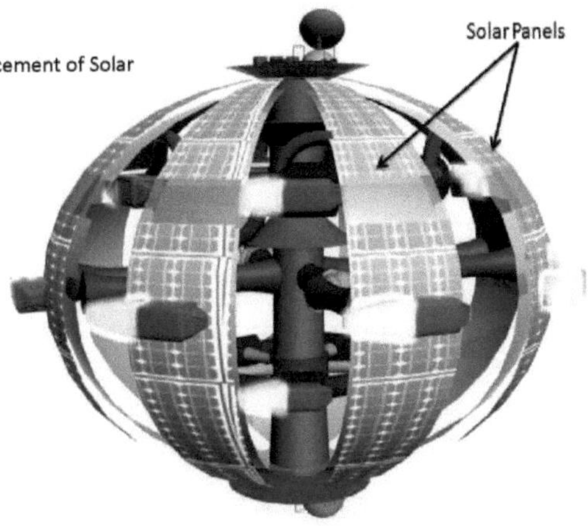

3.2. 4Gestão da água

O abastecimento de água será efectuado de diferentes formas:

- Os robots mineiros levarão a cabo a gigantesca tarefa de escavar as calotes polares da superfície lunar, o que, por sua vez, abrirá os vastos reservatórios de água "gelada" para utilização, para consumo dos cidadãos de Aerodorneial-4.
- Uma quantidade prévia de água também será transportada para Aerodorneial-4 através de naves da sua base terrestre.
- Alguma quantidade de água será também obtida a partir do Processo de Sabatier, que fornecerá água como produto.

•In the toilets there will be **sprinklers**, which will hurl water droplets in a high velocity. In the toilets there will be also vacuum pumps which will suck all of the fecal matter.

•For **bathing purpose**, a specific amount of water will be stored in each of the houses. After 15 minutes of continuous supply of water, the water in the individual storage tanks in the houses will get **empty**. Then after almost 15-20 min the tanks will again fill with water.

•For the laundry purpose, a technique will be used, in which ***Nylon beads** will be used to wash the clothes. Only sprinklers of water will be required for the purpose.

Uses	Gallons Per Person/Per Day	Uses	Gallons Per Person/Per Day
Drinking	1.32	Laundry	1.18
Toilet	1.32	Kitchen	1.32
Bath/Shower	0.66	Other	3.96
Total Requirement (per 1 person/per day)		**9.76 Gallons**	
Total Requirement (per 10000 people/per year)		**35,624,000 Gallons**	

Quadro 3.2.4 Necessidades de água

3.2.5 Gestão de resíduos

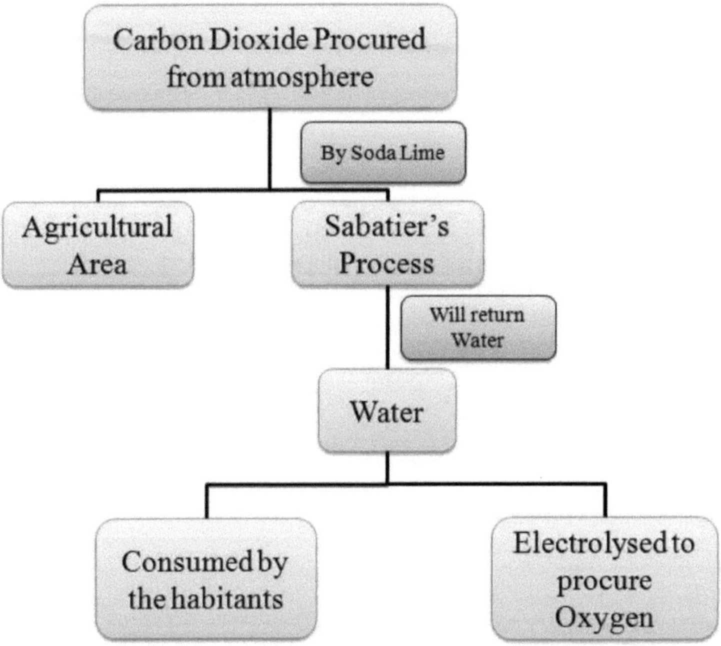

Fig 3.2.5.1 Gestão de resíduos gasosos

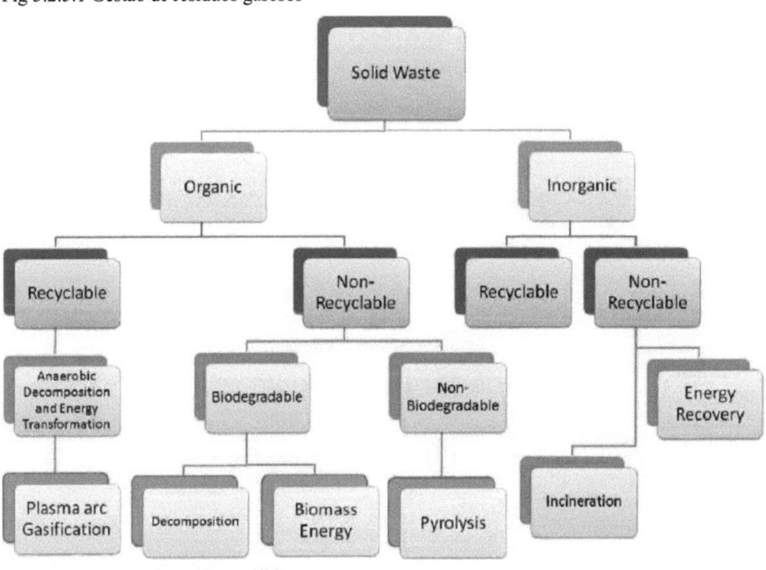

Fig 3.2.5.2 Gestão de resíduos sólidos

3.2.6 Comunicação interna e externa

Method	Used for	Central equipment	Speed	Utility	Quantity
Dynawave	External	Satellites	35 Gbps	Used for long distance communication, between our settlement to earth and to other settlements.	3
Microwave	External	Satellites	30 Gbps	Used as a backup system, in case of failure	2
4G Rote	Internal	Routers	40 Gbps	Used for the intend to connect every citizen on board Aerodorneial-4	10

Quadro 3.2.6 Comunicação interna e externa

Dynawave, is a new technique generated by the Operations Engineers here at Aerodorneial-4 with the aid of the Automation Engineers. Dynawave, works on the principle of high speed data transfer by the use of high-frequency radio waves.

3.2.7 Transportes internos

Name		Picture	Dimensions (in ft.)	Quantity
Metaphora	For Private Locomotion (a six seater)		Length : 32 Breadth : 16 Height : 3.5	1700 (the number can be increased if required)
Cabriolet	For Public Transportation (max. 50 seater)		Length : 55 Breadth : 55 Height : 10 *(total including the two figures)*	200 (not subjected to exceed in number)

Quadro 3.2.7 Transportes internos

3.2.8 Ciclo dia e noite

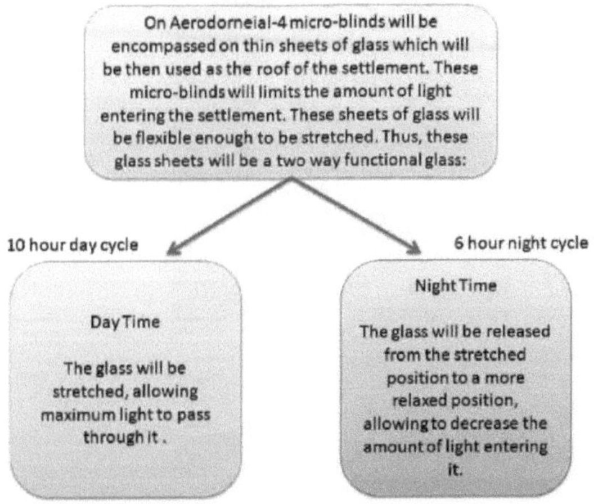

3.3 INFRA-ESTRUTURAS ESPACIAIS

3.3.1 Instalação de atracagem

Aerodorneial-4 terá duas docas principais, uma de cada lado (ou seja, uma em cima e outra em baixo). Estes portos facilitarão o transporte de matérias-primas e a deslocação dos cidadãos de Aerodorneial-4. As docas superiores serão utilizadas principalmente para o manuseamento e transporte de carga, enquanto que as docas inferiores serão utilizadas principalmente para o transporte de pessoas, uma vez que se encontram nas proximidades do ^ g Torus (ver secção 4.3.2).

As docas serão de dois tipos:

> **Portas VTOL -** As portas de descolagem e aterragem vertical permitirão aos navios atracar verticalmente e descolar verticalmente, com as portas VTOL, que se abrirão em caso de aterragem ou descolagem de um navio.

> **Pista de aterragem -** Estas pistas servem para atracar os navios vindos de **Zephyr** *(ver 3.3.3).* Estes portos serão assistidos por um grupo de robots que ajudarão a carregar e a descarregar a carga. Os cabos de retenção estão equipados nas docas, a fim de prender a cauda do navio e ajudá-lo a abrandar mais rapidamente, numa pista mais curta. Para o mesmo efeito, durante a descolagem, devido à pista curta, são instalados assistentes de lançamento, que ajudarão os navios a atingir uma velocidade mais elevada em menos tempo, durante a descolagem.

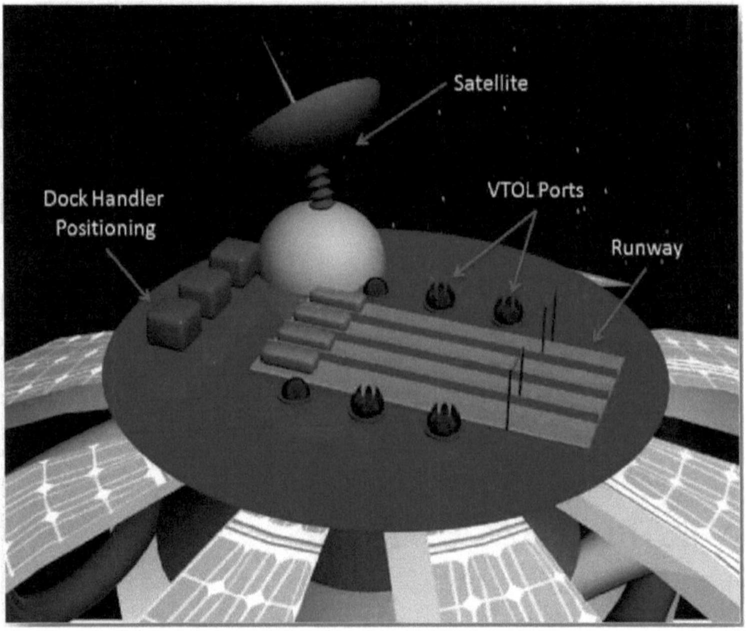

Fig 3.3.1.1 Base de acoplamento do Aerodorneial-4

3.3.2 Transporte marítimo

Illustration	Description
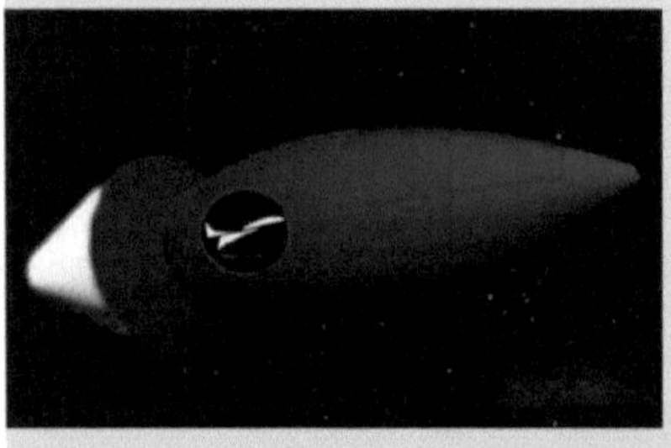	These will be able to facilitate the **settlement's delivering processes from** moon base to Aerodorneial-4 and back forth. These are able to load 500 ton load on board, per flight. These will have ion propulsion systems to aid its motion. These will be landed and would take off from the runway.
	They will be able to transport the population level to the Aerodorneial-4, after its transportation to the Langrange-4. They are also capable to carry some specific amount of materials that need to be acquired from the earth base to Aerodorneial-4. These will be able to carry 500 citizens per flight plus the loading and storing area. These will be able to dock in the VTOL area of the Aerodorneial-4 docks.

3.3.3 Processos mineiros e Zephyr (Base lunar)

3.3.3.1 Processos mineiros

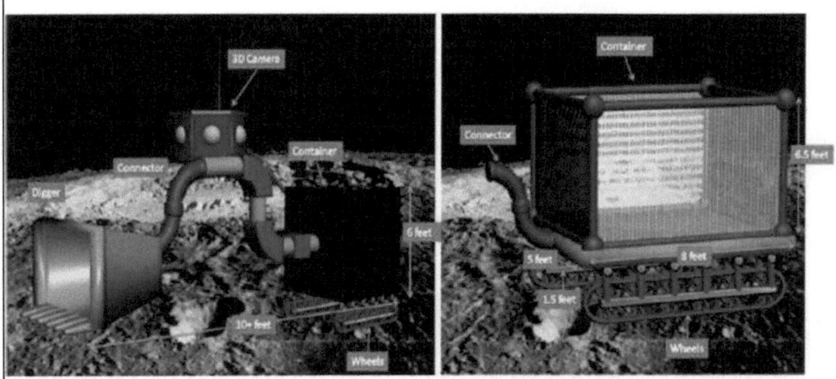

DIGGER	CONTAINEIR
• This robot comprises of a camera-sensor which will in turn sense the surroundings of the possible hot spots for mining. • It will then send reports to the zephyr controlling centre. • After the Containeir gets attached to it, it will start functioning and will then dig the mines which are in first drilled by the Mino-Bot.	• This automated machine will act as a container for the digger. • As soon as the digger fills it, to its fullest it will detach itself from the digger and will transport the mined materials to zephyr.

PROCUREIR

It is the product formed when Digger and Containeir are joined to form a single robot, meant for mining purposes.

MINO-BOT

- This robot will be an aid to the Procureir.
- If the material, the Procureir has to mine is deep below the surface, this robot will be handy in such cases and will in turn drill the surface.
- It will be monitored from the Zephyr, Robot Controlling centre.
- It is aided with 3-tier caterpillar wheels system, which eases its motion over the undulating surface of Moon.

3.3.3.2Zephyr a Base Lunar

Antes de a Colónia Espacial Aerodorneial-4 estar totalmente funcional, será construída na Lua uma base lunar designada por "Zephyr". A primeira cidade preliminar na Lua (pode ser designada por "Base Lunar"), embora permanentemente habitada apenas por robots, tem um papel importante a desempenhar no início da Colónia Espacial proposta. A planta da cidade é mostrada na Fig. 3.3.3.2. A sua construção terá início assim que o contrato for adjudicado. Na sua fase inicial, será destinada aos processos de extração mineira. Depois de algum tempo, quando as indústrias transformadoras forem construídas, poderá fabricar os componentes do Aerodorneial-4.

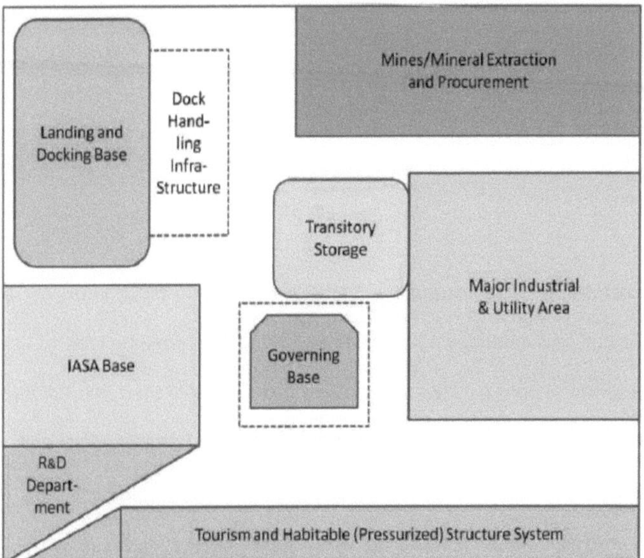

City Plan for Zephyr (Lunar base)

3.3.4 Redução de poeiras

Estando situada no Ponto Lagrangiano 4 Terra-Lua, a colónia terá de se proteger da poeira e dos detritos espaciais, que podem revelar-se prejudiciais a longo prazo. Para este efeito, os componentes não rotativos do casco da colónia serão revestidos com Aerogel de Sílica, que impedirá a acumulação de poeira na superfície da colónia, fornecendo uma solução para a poeira que se acumula na superfície da colónia. Para as estruturas rotativas, a poeira será repelida pela força de Coriolis, ou a força centrífuga gerada devido à rotação da estrutura.

CAPÍTULO 4

Fator humano

A Colónia Espacial Aerodorneial-4, *sendo colocada como uma residência no espaço, foi concebida para proporcionar aos seus cidadãos a facilidade de não só viverem uma vida semelhante à da Terra, mas também para a misturarem com o facto de estarem numa Colónia Espacial, fora da Terra, que tem a sua própria utilidade e desafios. A fim de proporcionar aos residentes um estilo de vida suficientemente elevado, complementado com os remédios para prevenir qualquer doença doméstica, que possa surgir devido a diferentes condições de vida, os Engenheiros Humanos da Aerodorneial-4 cuidaram bem de todas as actividades relacionadas com o ser humano, desde as espaçosas e variadas opções de casas, até toda uma pletora de formas de entretenimento sempre tão dinâmicas, que a nossa colónia tem, para os seus cidadãos.*

4.1 Conceção comunitária

4.1.1 Conceção básica da comunidade

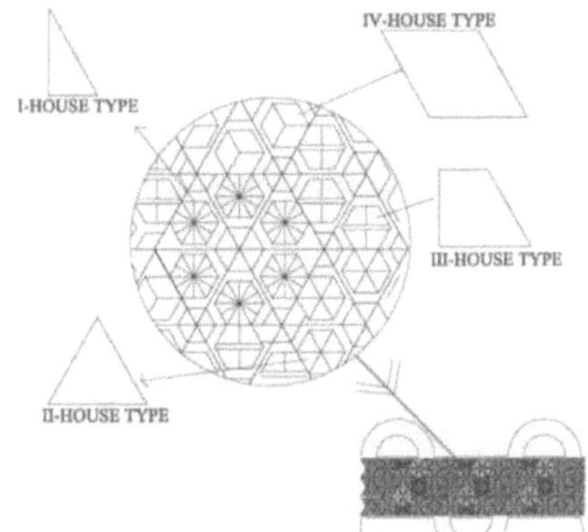

Fig 4.1.1.1 Section of the Community

Infrastructure	***Area Allotted (in ft^2)***	***Percentage***	***Contained In***
Residential Area	*20,450,210.3*	*33.4%*	*Residential Torus*
Roads and Paths	*28,858,068.6*	*47.1%*	*Residential Torus + Amenity Arch*
Facilities	*11,883,066*	*19.4%*	*Amenity Arch*

Table 4.1.1 Area and Percentage of the area utilized

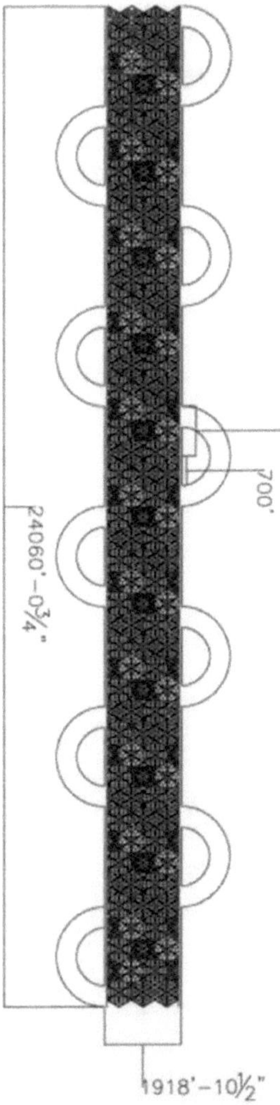

Fig 4.1.1.2 Plano Comunitário de Base

Method	Efficiency (Locomotion)	Line of Sight	Cost	Corriolis Effect	Total
Rectangular Pattern	5	9	8	4	**26**
Circular Pattern	5	6	6	6	**23**
Diamond Grid Pattern	9	8	4	9	**30**

Tabela 4.1.1.2 Estudo comercial de possíveis métodos de padrões de grelha

4.1.2 Variedade e quantidade de bens de consumo

LEGUMES	Gm/person /day	Energy provided (Kcal)	Kg/7000 people/day	Yield (kg/ft2 in one season)	Area required for production (1 season)
Soya beans	30	120	210	0.1	2100
Lentils	10	40	70	0.37	188.37
Peas	40	160	280	0.28	1004.63
Beans	25	100	175	0.14	1255.79
Carobs	10	40	70	0.33	215.28
String Beans	20	80	140	0.33	430.56
GREEN VEGETABLES	**Gm/person /day**	**Energy provided (Kcal)**	**Kg/7000 people/day**	**Yield (kg/ft2 in one season)**	**Area required for production (1 season)**
Spinach	45	180	315	0.9	350
Coriander	25	100	175	0.18	972.2
Amaranth	30	120	210	0.12	1750
Cabbage	35	140	245	4.65	52.74
Cauliflower	25	100	175	0.92	188.37
Broccoli	25	100	175	0.74	235.46
Lettuce	20	80	140	1.86	75.35
Bottle Gourd	25	100	175	4.09	42.81
Basil	20	80	140	1.30	107.64
VEGETABLES	**Gm/person /day**	**Energy provided (Kcal)**	**Kg/7000 people/day**	**Yield (kg/ft2 in one season)**	**Area required for production (1 season)**
Turnip	30	120	210	3.53	59.48
Carrot	25	100	175	2.79	62.79

Radish	25	100	175	1.86	94.18
Onions	35	140	245	2.79	87.91
Tomato	35	140	245	2.60	94.18
Potato	20	80	140	4.65	30.14
Lemon	10	40	70	3.72	18.84
FRUITS	**Gm/person /day**	**Energy provided (Kcal)**	**Kg/7000 people/day**	**Yield (kg/ft2 in one season)**	**Area required for production (1 season)**
Watermelon	30	120	210	2.79	75.35
Grapes	40	160	280	3.72	75.35
Mango	25	100	175	0.93	188.37
strawberries	25	100	175	2.32	75.35
guava	20	80	140	4.65	30.134
apple	30	120	210	4.18	50.23
Banana	20	80	140	6.50	21.53
Cherry	35	140	245	0.37	659.29
Plum	30	120	210	0.37	565.11
Pear	40	160	280	3.5	79.31
Papaya	45	180	315	3.72	84.77
Orange	35	140	245	1.86	131.86
Wild berries	10	40	70	0.19	376.74
STAPLE FOOD	**Gm/person /day**	**Energy provided (Kcal)**	**Kg/7000 people/day**	**Yield (kg/ft2 in one season)**	**Area required for production (1 season)**
Wheat	500	2000	3500	0.74	282.55
Maize	250	1000	1750	0.84	334.88
Barley	250	1000	1750	0.19	941.84
Rice	400	1600	2800	0.65	269.1
Total	2350	9400	16450	75.77	13,658.48 ft^2

ANIMALS	Gm/person /day	Energy acquired per person (Kcal)	kg/7000 people/ day
Meat	100	400	700
Fish	60	240	420
Pork	30	120	210
Eggs	45	180	315

ITEM	RAW MATERIAL
Toiletries	Different objects
Medicines	Chemicals and Plants
Electrical Appliances	Metals, Wires, Rubber etc
Cloth	Cotton
Footwear	Rubber
Bags	Jute and Paper
Paper	Baggase (waste of sugarcane)

Quadro 4.1.2 Consumíveis diferentes e área necessária

4.1.3 Distribuição de consumíveis

A tarefa mais importante após a acessibilidade dos bens de consumo é a sua circulação e afetação. Cada pessoa terá acesso a bens suficientes no Aerodorneial-4. Para obter a quantidade necessária de bens de consumo, basta fazer uma encomenda telefónica à sub-secção do departamento de alimentação e agricultura que estará presente em todas as comunidades da zona residencial e a encomenda será entregue no prazo de 24 horas no endereço residencial permanente dos cidadãos.

4.1.4 Factores fisiológicos e psicológicos

SYNDROME	REMEDIES
Solipsism/Big Brother Anomie	To create a similar environment as to which a person belongs to.
Space Adaptation Syndrome (SAS)/ Space Sickness	Use of transdermal dymenhydrinate patches and motion-sickness medications
Diogenes	More social gatherings and less isolated areas
Stress, Depression and loss of motivation	Yoga, meditation and aerobic centres, motivational lectures and activity centres
Insomnia	Deep breathing, progressive muscle relaxation, meditation, brain and physical exercise.
Delirium	Optimizing conditions for the brain i.e. adequate oxygenation, hydration, nutrition, and normal levels of metabolites, pain treated etc
Destructive Behavior Adaptation	Brain exercises and Special therapy centres
Cognitive biasness	Political groups for proper judgment, meditation and brain therapies.
Keno phobia	No isolated and wasted areas, meditation and other therapies available
Alto phobia	Low heighted buildings

Quadro 4.1.4.1 Factores psicológicos

SYNDROME	REMEDIES
Involuntary carry of microbes	A stronger immune system and a protective spray of microbe prevention solution.
Formation of Kidney Stones	Proper removal of extra calcium formed due to weightlessness. Hence secretion removal systems and the basic equipments required.
Claustrophobia	Psycho education, slow breathing, cognitive therapy.
Disambiguation	Access to earth like environment with all the obligatory facilities
Tiredness, fatigue and weakness	Refresh drinks, systematic cycles of rest and sleep, natural therapy and entertainment facilities.
Osteoporosis	Extra calcium rich diet with special physical exercise centres.
Anosmia, ageusia and hearing impairment	Medical facilities and access to earth like environment
Anorexia Nervosa	Proper nutritional and adequate food
Breathlessness	Hi-oxygen and recreational areas

Tabela 4.1.4. 2 Factores fisiológicos e seus remédios

4.1.5 Instalações

O Aerodorneial-4 satisfaz todas as necessidades básicas e aspirações das pessoas, proporciona aos cidadãos e até aos seus visitantes uma grande variedade de comodidades básicas, que estarão disponíveis para as pessoas como parte das suas vidas, na sua nova morada no espaço. Estas comodidades incluem maioritariamente:

ZONAS RESIDENCIAIS

A nossa povoação disponibiliza cerca de 35% da área de toda a povoação para fins residenciais. Todas essas casas de baixa altura seriam construídas com as necessidades básicas, mais adequadas para proporcionar um ambiente habitável.

ZONAS INDUSTRIAIS

Uma grande parte estará envolvida nas fábricas e indústrias que produzirão todas as necessidades dos cidadãos. Além disso, uma vez que a nossa povoação também é vista como um novo centro de comércio e de trocas comerciais que se pode desenvolver a uma escala maior, estas zonas industriais proporcionam um apoio económico e prático à Business and Trade Corp. no Aerodornieal-4.

PARQUES E JARDINS

Haverá parques e jardins em todas as localidades, com ar fresco e todos os requisitos naturais para as crianças e os adultos relaxarem, fazerem exercício e brincarem. Isto é muito importante para manter os cidadãos saudáveis no Aerodorniel-4 e também em termos psicológicos, pois ajuda as pessoas a combater o tédio e também muitos paradoxos virtuais que podem ocorrer devido a mudanças súbitas de ambiente.

ESCOLAS E COLÉGIOS

Haverá um total de 4 escolas e 3 colégios com todos os equipamentos e instalações mais recentes. Disciplinas como as ciências aeronáuticas e astronómicas, bem como a literatura e a psicoeducação das crianças, serão incluídas e objeto de uma atenção especial.

BIBLIOTECAS

Haverá bibliotecas com diferentes secções para todos os grupos etários, o que ajudará a promover a literacia e a melhorar as capacidades mentais dos cidadãos através de concursos semanais de perguntas e respostas e muito mais. Obviamente, este cenário será mais revolucionário do que o convencional, uma vez que o papel não será utilizado com a frequência que temos o privilégio de utilizar na Terra.

ESCRITÓRIOS E SOCIEDADES COMERCIAIS

A Aerodorneial-4 também se desenvolveria como centro de negócios. Por isso, uma boa parte da área total da povoação ficará sob o controlo destes escritórios e empresas para que o comércio e os negócios lucrativos prosperem mais. Para além deste objetivo, a nossa colónia também é vista como um novo centro de comércio que pode ter lugar a uma escala maior, permitindo um espaço ainda maior para considerar todo o outro "Espaço-Terra", em vez de apenas ***uma*** "colónia", como uma pura praticidade!

CENTROS COMERCIAIS E TEATROS

Os cinemas e teatros com equipamento 3D estarão presentes na Aerodornieal-4 como um entretenimento a qualquer hora, com tudo sob o mesmo teto.

MEIOS DE COMUNICAÇÃO

O Aerodorneil-4 disporá de todos os meios de comunicação, como telemóveis, Internet, televisão, etc., diretamente ligados aos satélites da colónia, com a melhor qualidade e acesso para todos. Isto contribuirá para facilitar o acesso de todos a tudo, em geral.

HOSPITAIS E SERVIÇOS DE URGÊNCIA

Hospitais - No projeto proposto para a povoação espacial, serão criados 5 grandes hospitais, com a introdução das mais recentes tecnologias, e também alguns centros hospitalares de emergência básicos estarão disponíveis em cada localidade, para facilidade dos cidadãos.

Serviços de urgência - Haverá principalmente 3 serviços de urgência:

- Departamento da força policial,
- Bombeiros e salvamento e

- Serviço de emergência médica.

Será criado um departamento especial chamado **Asavia Emergency Room** para a proteção dos cidadãos contra danos maiores causados à povoação. Este departamento tem a responsabilidade de evacuar a povoação em alturas de "Emergência" e ajudar as pessoas a chegar aos módulos de isolamento em segurança.

PARQUES DE DIVERSÕES SAZONAIS

Haveria 3 parques de diversões para diferentes grupos etários, ou seja, para crianças, adultos e idosos, separadamente, com passeios alegres e alucinantes, fontes, áreas geladas e pratos de fazer crescer água na boca que ainda não foram sonhados. (Consultar a secção 3.2.1 Engenharia de operações)

LOJAS E GALERIAS DE ARTE

Como a Aerodornieal-4 dá muita importância à arte e à criatividade, teremos muitas galerias de arte para as pessoas que queiram divulgar as suas capacidades a uma escala mais vasta, com benefícios económicos também. Haverá lojas para todas as necessidades básicas, como mercearias e artigos de papelaria para os cidadãos.

RESTAURANTES, HOTÉIS E CASAS DE BANHO

Um certo número de restaurantes, hotéis e casas de banho aumentaria a beleza e a facilidade de utilização da povoação. Estes seriam perfeitos para as pessoas virem e ficarem ou simplesmente jantarem em qualquer altura com as suas famílias. Estes hotéis e restaurantes terão efeitos especiais de revolução que funcionarão como uma cereja no topo do bolo.

RESORTES

Estes são os destinos perfeitos para piqueniques bons e memoráveis para todas as faixas etárias. Estas estâncias proporcionam muitos jogos e actividades, juntamente com inúmeros pratos para comer, brincar, rir e ficar.

SALAS DE CHAT E DE DISCUSSÃO

Estas salas de conversação e de debate proporcionam uma plataforma para as pessoas falarem abertamente e debaterem diferentes temas, resolverem muitos problemas e conhecerem melhor as pessoas e as suas opiniões.

INSTALAÇÕES DE LIMPEZA, LAVANDARIA E VARREDURA

Haveria um serviço extra prestado no assentamento em cada localidade para limpeza e varredura das áreas e para fins de lavandaria. Cada localidade teria um grupo de cerca de 5 membros para o efeito.

GRUPO POLÍTICO (para manter a disciplina e a ordem)

Aerodorneial-4 terá um grupo político de cerca de 40 pessoas a quem serão atribuídas diferentes tarefas para analisar e trabalhar, como os problemas de habitação, água e saneamento, problemas de higiene, etc., sem quaisquer conflitos internos, e fará um julgamento puro e justo sobre todos os conflitos e argumentos que surjam na povoação entre os cidadãos.

CAFÉS
Haverá pequenos cafés em diferentes localidades para pequenos encontros e discussões, pequenas reuniões, como local de convívio, para relaxar, etc.

ÁREAS DE EXPOSIÇÃO
Trata-se de espaços que seriam ocupados com todo o tipo de exposições de artes, capacidades e talentos dos cidadãos, com uma programação adequada.

ENCONTROS LITERÁRIOS COM MOTIVAÇÕES
PALESTRAS E PSICOEDUCAÇÃO
Haverá 2-3 áreas de convívio social que dotarão as pessoas de palestras motivacionais e de psico-educação, especialmente para a recuperação de quem sofre de preconceitos cognitivos, claustrofobia e insónia.

CENTROS INFORMÁTICOS E DE CIÊNCIA E TECNOLOGIA
Estes centros ajudariam as pessoas não só a obter a mais recente tecnologia no sector da

O sector da ciência e das tecnologias da informação na sua colónia e proporcionar-lhe-ia mais e mais benefícios no futuro, mas também a manteria actualizada com o que se passa em todo o universo.

4.1.6 Atribuição de serviços

As comodidades serão atribuídas a cada cidadão sem qualquer diferenciação ou discriminação. Os residentes podem deslocar-se a qualquer zona para usufruir das comodidades sem prejudicar o ambiente ou as propriedades. Haverá restrições nalguns círculos, tais como os círculos com os departamentos de gestão e grupos políticos e as zonas dos círculos com indústrias, escritórios e empresas. As zonas dos centros informáticos e científicos serão igualmente limitadas às pessoas que aí trabalham e às pessoas que nelas procuram ajuda.

Amenities	Percentage Area Allotted	Area (in ft²)	Access to
Amusement Parks	16%	1901290.56	All
Hotels and Resorts	10%	1188306.60	All
Shops and Art Galleries	4%	0475322.64	All
Malls and Theatres	5%	0594153.30	All
Chats and Discussion Rooms	2%	0236661.32	All
IT and Science Centers	10%	01188306.6	Staff only
Literature Gatherings	2%	0236661.32	Members only
Offices and Companies	4%	0475322.64	Staff only
Educational Facilities	8%	0950645.28	Students
Libraries	2%	0236661.32	All
Hospitals	7%	0831814.62	Patients
Political Groups	30%	03564919.8	Staff only

Tabela 4.1.6.1 Serviços básicos do arco de amenidades

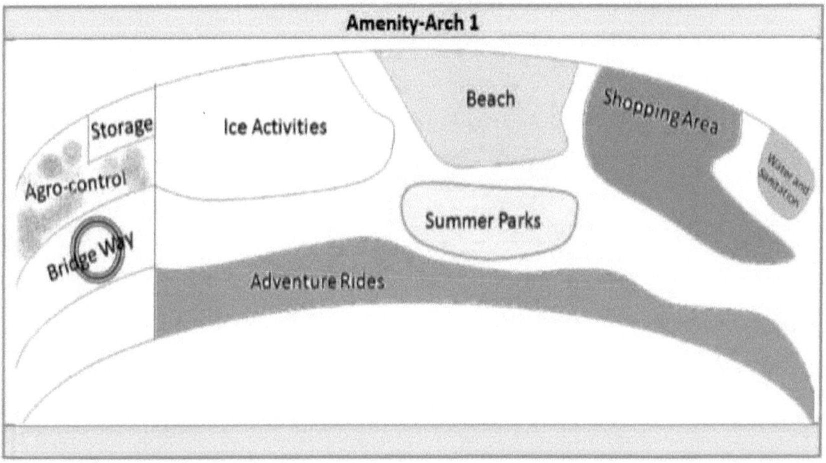

Amenity-Arch 2

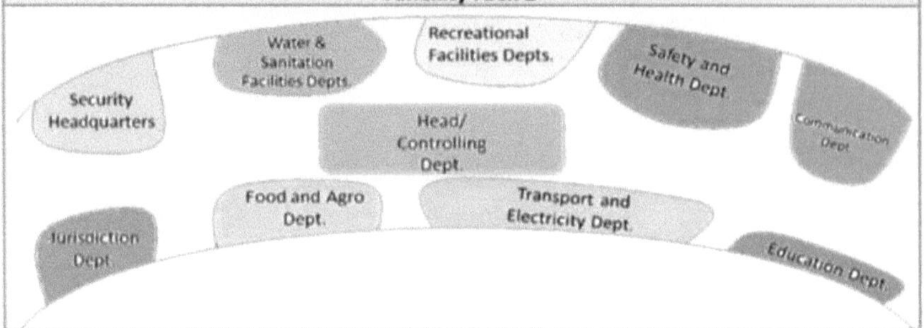

Amenity-Arch 3

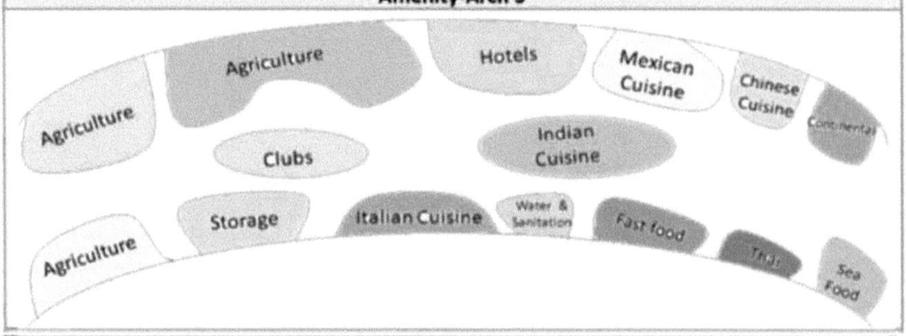

Amenity-Arch 4

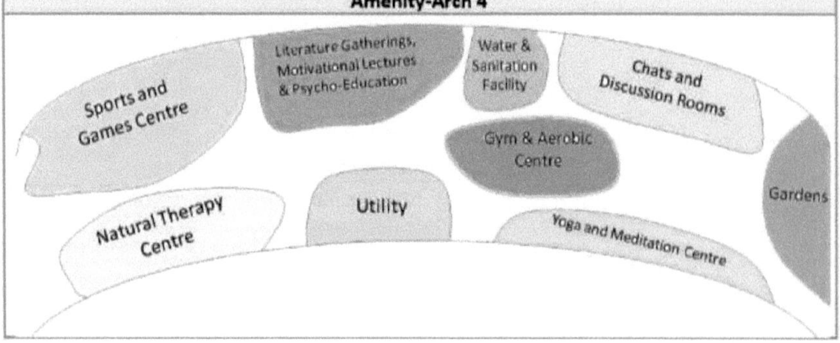

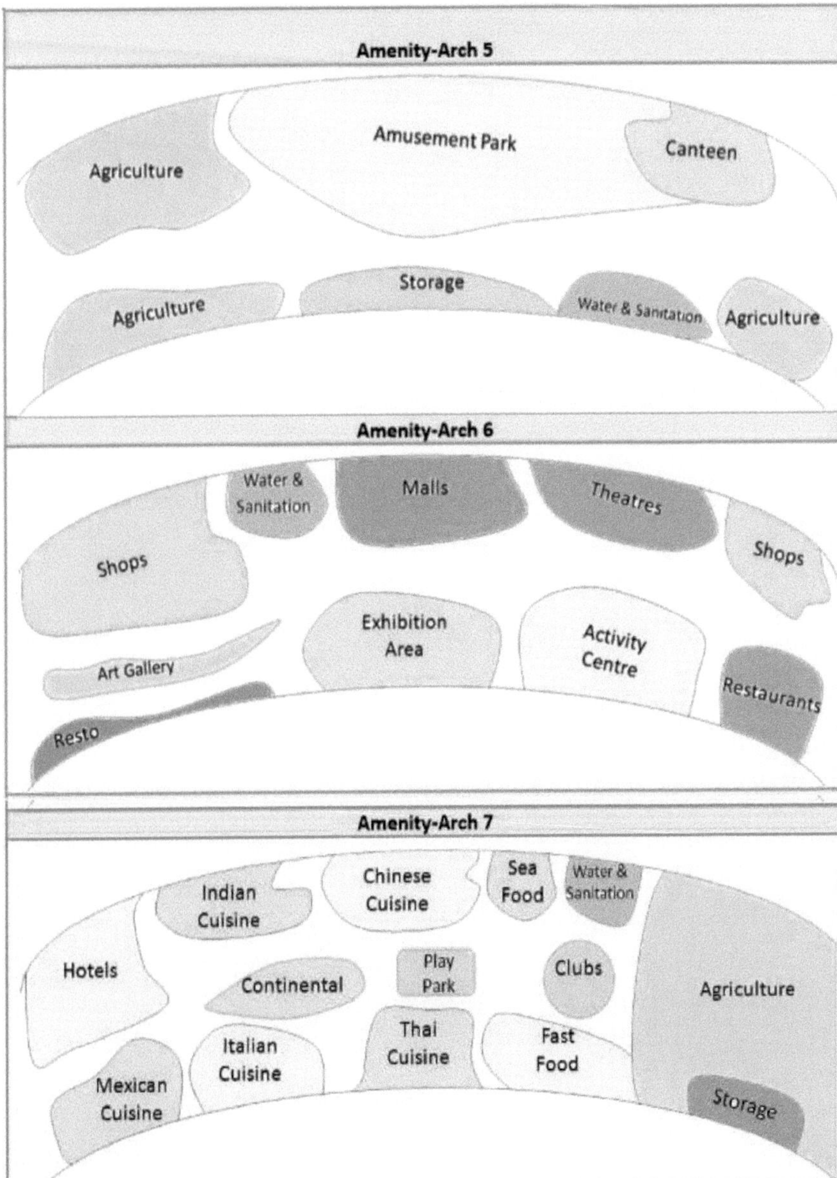
Amenity-Arch 5
Agriculture
Amusement Park
Canteen
Agriculture
Storage
Water & Sanitation
Agriculture
Amenity-Arch 6
Water & Sanitation
Malls
Theatres
Shops
Shops
Exhibition Area
Activity Centre
Art Gallery
Resto
Restaurants
Amenity-Arch 7
Indian Cuisine
Chinese Cuisine
Sea Food
Water & Sanitation
Hotels
Continental
Play Park
Clubs
Agriculture
Mexican Cuisine
Italian Cuisine
Thai Cuisine
Fast Food
Storage

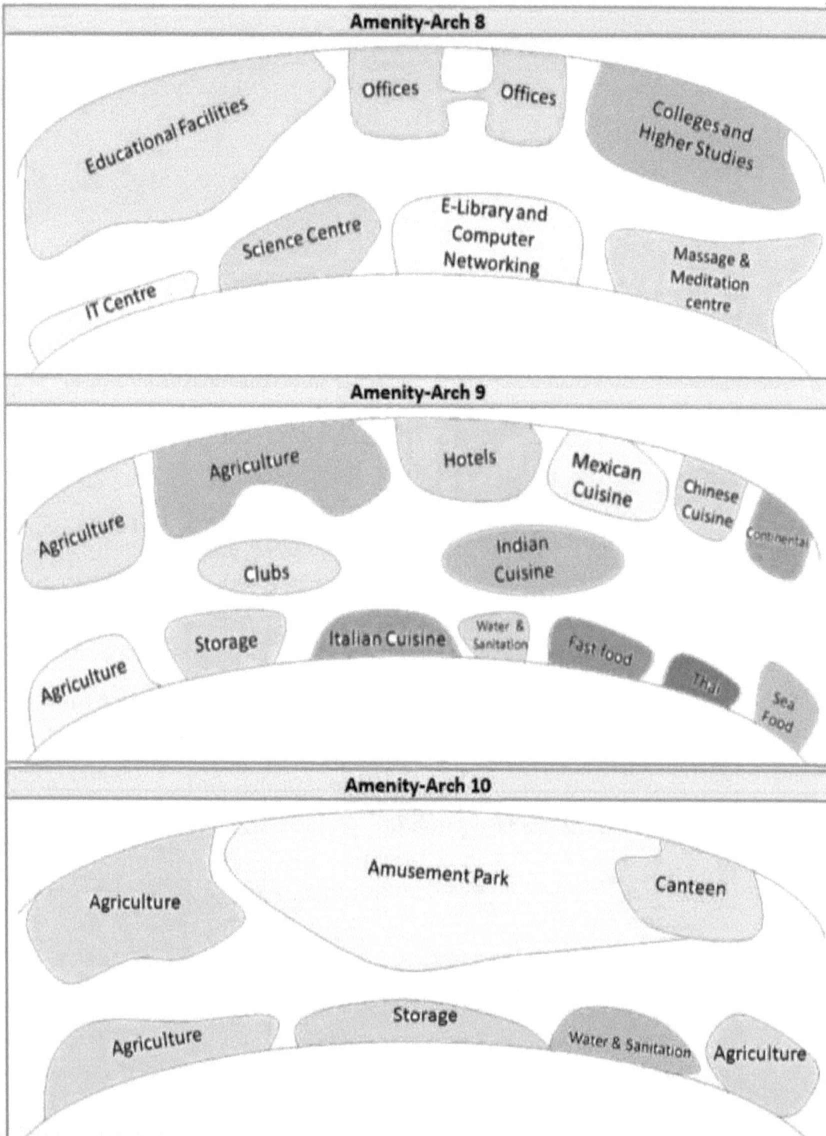

Quadro 4.1.6.2 Conceção de arcos de recreio

4.2 Conceção residencial

4.2.1 Dados demográficos

	Percentage	Population
Married Adults	30 %	3000
Single Men	37 %	3700
Single Women	30 %	3000
Children	3 %	300
Total	**100 %**	**10000**

Table 4.2.1 Demographics of Aerodorneial-4

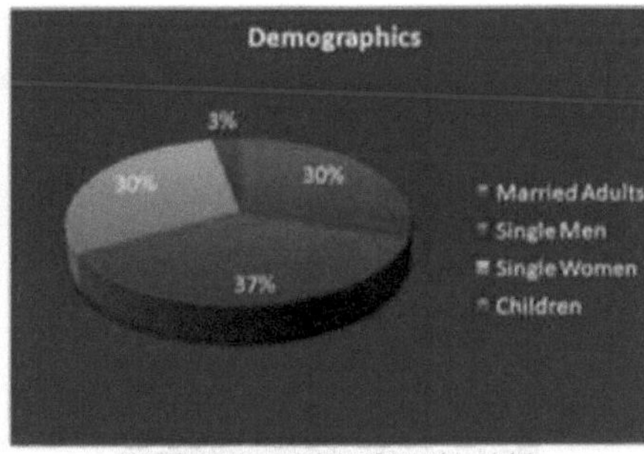

Fig 4.2.1 Demographics of Aerodorneial-4

4.2.2 Planta da casa

A componente mais importante de qualquer povoação é o local onde os habitantes vivem e, por isso, é de importância primordial que as residências em que subsistem sejam adequadas aos cidadãos e correspondam às perspectivas dos nativos.

São muitas as caraterísticas que se procuram ao comprar uma casa. Deve estar dentro dos limites da realização monetária da pessoa; deve ter um mínimo de segurança e deve ser económica a longo prazo. Mas o ponto-chave proeminente é que deve adequar-se ao gosto do habitante. Deve ser tão persuasiva que o possuidor não se sinta cansado de viver na residência.

Para as necessidades e exigências especiais dos residentes, projectámos quatro tipos diferentes de residências com proporções, áreas e especificações diversas para cada residência. Todos os esforços foram feitos para tornar a vida dos moradores o menos problemática, alegre e livre de problemas possível.

Os diferentes tipos de casas com base nas suas áreas são:

TIPO 1

Área total:2165.05 ft^2

- Alojamento: 3-4 pessoas
- Dimensões (em pés): a=86,6; b=100; c=50

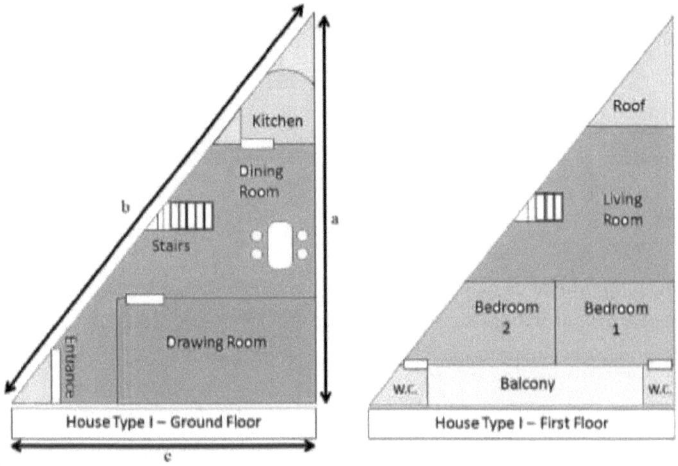

TIPO 2

Área total: 4330.1 ft^2

- Alojamento: 5-6 pessoas
- Dimensões (em pés): a=86,6; b=c=d=100,001

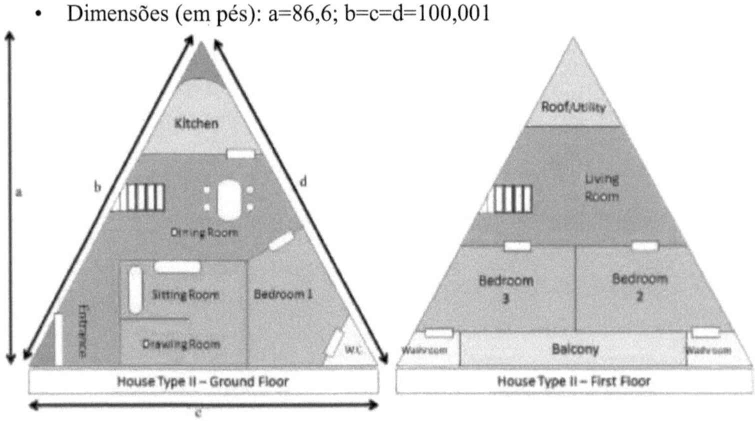

TIPO 3

Área total: 5533.43 ft²

- Alojamento: 4-5 pessoas
- Dimensões (em pés): a=76,72; b=50; c=88,6; d=94,3

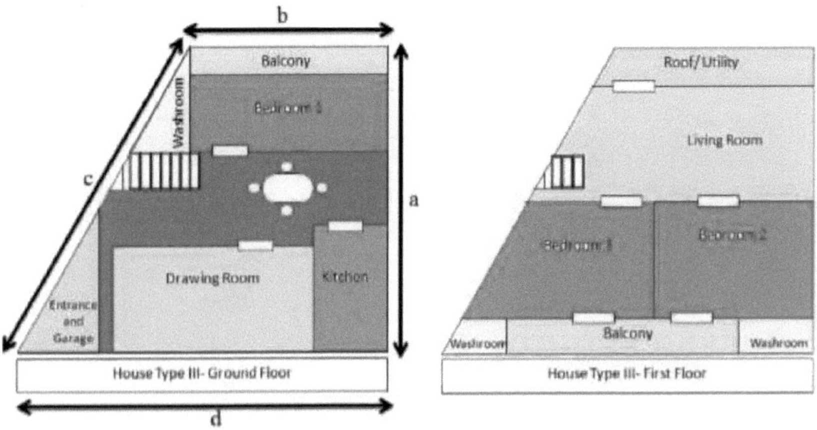

TIPO 4

Área total: 8660.23 ft²

- Alojamento: 6-7 pessoas
- Dimensão (em pés): a=b=c=d=100; h=86,6

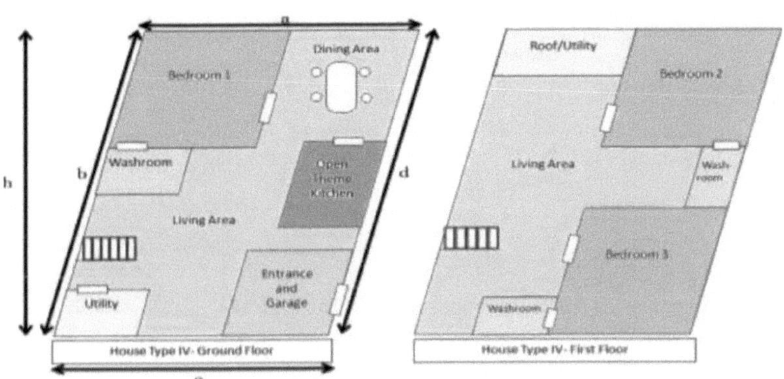

Quadro 4.2.2.1 Desenhos de casas

House Design	Design	Area (in ft²)	Number of Houses	Total Area	Community View
Type-I	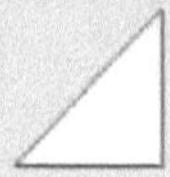	2165.05	1656	3,585,322.8	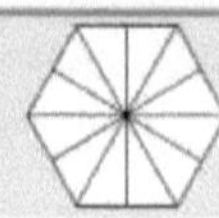
Type-II		4330.1	1656	7,170,645.6	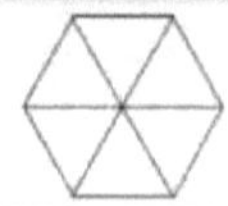
Type-III		5533.43	1104	6,108,906.7	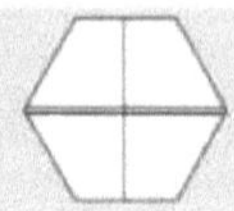
Type-IV	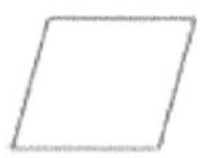	8660.23	414	3,585,335.2	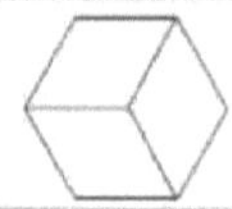

4.3 Acesso seguro

4.3.1 Design de fatos espaciais

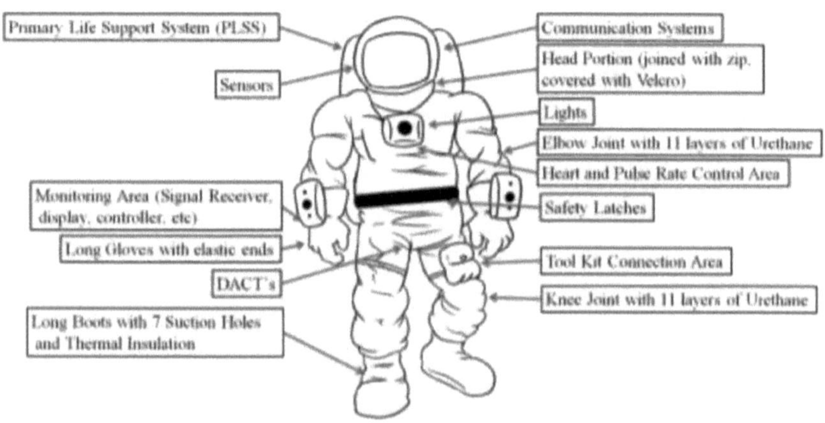

Caraterísticas significativas da conceção proposta para o fato espacial:

> 7 orifícios de sucção nas sapatilhas para uma melhor aderência em superfícies com 0g ou baixo g-

> Sapatos altos e de superfície dura - tipo botas de goma

> Fato de penas com capacete unido.

> 1 antena

> Material do fato - adapta-se às mudanças de temperatura do corpo (regulador de temperatura instalado) e não reage com os ácidos e gases desconhecidos presentes

> Luvas compridas e duras nas pontas dos dedos e nos nós dos dedos

> Fato - mais duro nos joelhos e nas unhas dos pés e das mãos
> Fato de cor clara - possibilidade de reação de outra cor com os gases atmosféricos por vezes queimados.
> Tubo unidirecional para a remoção de CO_2.
> Tanque de oxigénio principalmente através de PLSS. Não há passagem de ar no seu interior.
> Não há cobertura para o fato.
> Luvas compridas e elásticas para evitar a entrada de bactérias.
> Curável se o fato for danificado um sólido que ocorra imediatamente ligado ao fato no seu interior (uma camada fina)
> Os Troncos de Contenção por Absorção Descartáveis (DACTs) são a melhor opção possível para a remoção de resíduos sólidos e líquidos.
> Camada ou material de proteção contra as radiações UV.

Nas fases preliminares, os fatos espaciais serão em número de 450, que, a pedido, podem ser aumentados em número nas fases posteriores.

4.3.2 Actividades Micro-g

O ^ g Torus na nossa colónia desempenha um papel importante, não só no alargamento do âmbito da I&D na Colónia Espacial Aerodorneial-4, mas também fornece um grande valor de utilidade para os turistas ou cidadãos que virão viver para esta Colónia Espacial, vindos de outros ambientes de baixo gás. Para este efeito, o toro ^ g foi bem equipado com uma área residencial temporária, com todas as comodidades básicas para os turistas e outros seres humanos que virão viver na colónia espacial Aerodorneial-4. As pessoas ficarão neste toro ^ g, entre 12 horas e cerca de 3 dias, dependendo do seu corpo e da intensidade da necessidade de mudança ambiental, o que evitará os danos nos músculos e tecidos, que poderiam ter ocorrido gravemente, se os humanos tivessem sido transferidos diretamente para áreas 1g. A atribuição de área para o toro ^ g é a seguinte:

Infrastructure	Percentage	Area (in ft^2)	Utility
Residences	23.3%	1,719,295.5	For tourists, to adjust in the fundamental environment, to prevent any loss to muscles and tissues.
Roads and Paths	12%	885,474.1	For easy and convenient movement between the houses, and other places.
Amenities	8%	590,316.0	Hotels, Restaurants, Parks, and other Activities, mainly run by automated machines.
Activities	11.7%	863,337.2	Science Observatories and Experimenting Centre.
Industries	45%	3,320,527.9	Manufacturing, Processing and Refining Industries, along with Import and Export Database.

Quadro 4.3.2 Actividades de micro-g

Enquanto que o ambiente 0g presente no Orbe Segmentado, será exclusivamente utilizado para o fabrico, produção e refinação de bens para as indústrias, não haverá muita interferência humana, pelo que não há necessidade de equipar essa área com sistemas de Necessidade Humana.

Fig 4.3.2 /¹₂ Vig torus

Fig 4.3.2.2 Área Og no globo segmentado

4.3.3 Acesso humano seguro em zonas de baixo teor de carbono

Para a segurança e melhoria dos cidadãos de Aerodorneial-4 que trabalham nas zonas micro-g, serão fornecidos alguns instrumentos e técnicas especiais para garantir a sua segurança. As pessoas que trabalham na zona micro-g receberão fatos espaciais que lhes permitirão sentir-se confortáveis quando acederem às zonas micro-g. Alguns dos dispositivos e ferramentas utilizados são:

1. **Amarras -** Serão fixadas a todas as pessoas, sujeitas a volumes de baixa gravidade. Suficientemente compridas para facilitar os movimentos, serão utilizadas para vestir e despir os fatos espaciais em caso de volumes baixos.

2. **Corrimão -** São instalados para dar apoio em todas as áreas necessárias. Também são utilizados para amarrar o fato espacial enquanto se desloca na câmara de vácuo não pressurizada de baixa gravidade. As amarras são fixadas aos corrimões. São fixadas ao longo das paredes para servirem de apoio.

3. **Paredes almofadadas -** As paredes dos volumes low-g serão almofadadas e amortecidas, para diminuir os choques e aumentar a segurança das pessoas nos volumes low-g.

CAPÍTULO 5

Conceção e serviços de automatização

Por vezes, as imaginações têm de seguir um caminho vago e abrupto para se exprimirem plenamente. Estes caminhos são possíveis graças à tecnologia que pudemos desenvolver ao longo de todos estes anos de desenvolvimento maciço. Chegou agora o momento de passarmos a uma aura ainda mais original e inovadora de estimativas, que outrora tinham sido pensadas em termos de "Ficções Científicas". A automatização

Os engenheiros da ***Aerodorneial-4 Space Settlement*** *conceberam os sistemas e redes de automação com sofisticação e ideias pormenorizadas, mas representá-los de forma simples é o que distingue este departamento.*

5.1 AUTOMAÇÃO E CONSTRUÇÃO PROCESSOS

5.1.1 Automação para a construção

O robô mencionado abaixo é o único robô destinado ao processo de construção. Assim, o resto da construção será efectuado pelos trabalhadores responsáveis e pelos técnicos.

EXTE-CONSTRUCTO

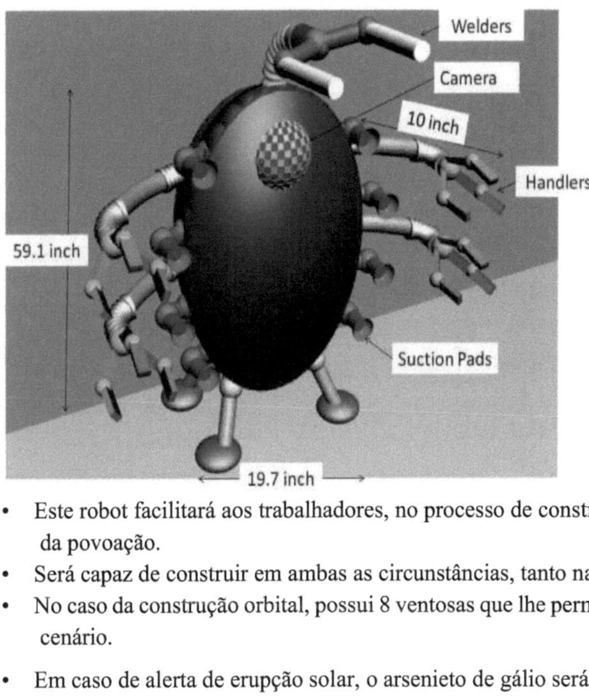

- Este robot facilitará aos trabalhadores, no processo de construção, a construção de uma parte da povoação.
- Será capaz de construir em ambas as circunstâncias, tanto na lua como na construção orbital.
- No caso da construção orbital, possui 8 ventosas que lhe permitirão trabalhar facilmente nesse cenário.
- Em caso de alerta de erupção solar, o arsenieto de gálio será depositado nos painéis solares.

5.1.2 Acabamentos interiores

A fim de reduzir o caos causado pelos diferentes tipos de robots numa única área, o Aerodorneial-4 terá apenas um tipo de robots destinado a todos os acabamentos e à manutenção das diferentes partes dos componentes do casco.

INTE-CONSTRUÇÃO

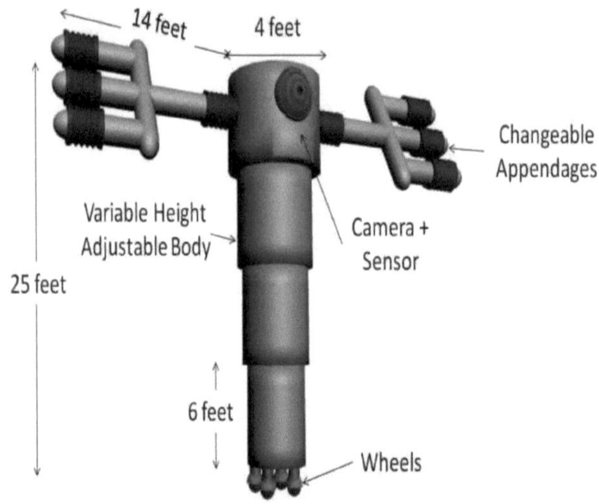

- Este robot foi concebido especificamente para o acabamento de interiores.
- Ajudará a preparar o interior de cada componente do casco.
- Cada um dos seus apêndices destina-se a uma única tarefa, pelo que, em alguns casos, poderá mudar de apêndices quando necessário e realizar a tarefa pretendida.

- Tem também uma caraterística importante, a sua altura é ajustável, de 6 a 25 pés.

5.2 AUTOMATIZAÇÃO DE INSTALAÇÕES

5.2.1 Sistemas de segurança

Para efeitos de segurança no Aeródromo-4, haverá um "Robo-Cop" que ajudará os polícias do Aeródromo-4 a livrarem-se dos criminosos. Se forem apanhados a bordo, os criminosos serão enviados de volta para a Terra e a sua viagem para Aerodorneial-4 será cancelada para sempre.

<table>
<tr>
<td>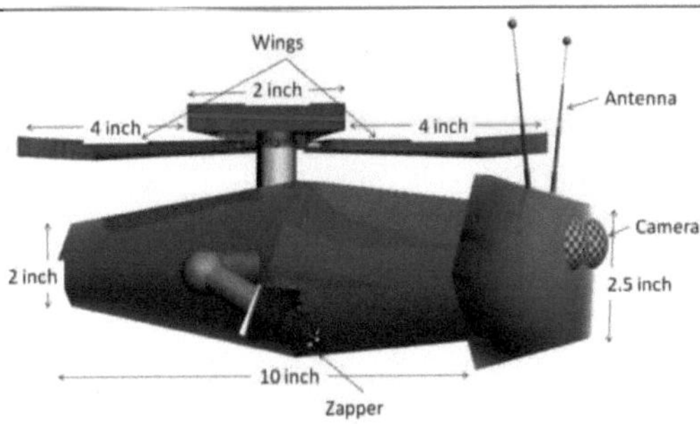
</td>
<td>ROBO-COP
<ul>
<li>This little fly like robot will linger around the whole settlement maintaining its peace and order.</li>
<li>It is aided with a camera sensor, which in suspicion will send signals to its control rooms.</li>
<li>If orders so are given it will 'zap!' the suspect down so that no more trouble is created.</li>
</ul></td>
</tr>
<tr>
<td>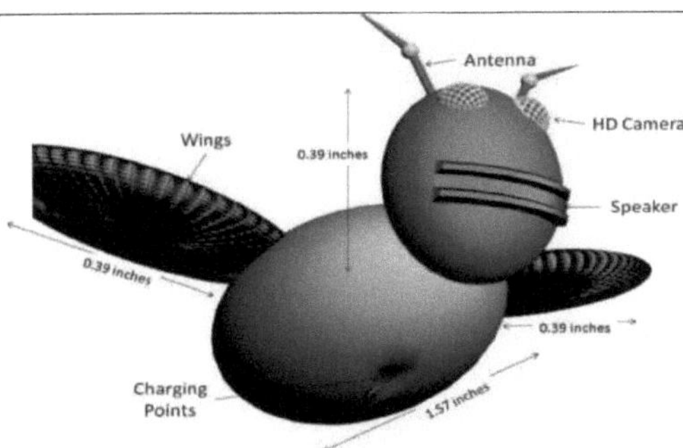
</td>
<td>OFFICE –COP
<ul>
<li>This robot will help the office workers to communicate in well.</li>
<li>It will have a camera which will enable the Boss to have a nice look on its employees.</li>
<li>It is also aided with an inbuilt speaker which notifies the employees about important announcements.</li>
<li>This robot will get charged from the Admino-Bot.</li>
</ul></td>
</tr>
</table>

Quadro 5.2.1.1 Robôs de segurança

O Aerodorneial-4 fornece as verificações e os sistemas de segurança mais **convencionais**, mas mais influentes, que permitem que apenas as pessoas autorizadas tenham acesso aos seus dados críticos. Haverá níveis de segurança, cada nível destinado a um domínio específico. Estes diferentes níveis consistirão em diferentes conjuntos de controlos de segurança; por conseguinte, serão suficientemente consistentes para a proteção de uma área de acordo com a sua importância.

Level	Security Systems Applied in	Security Checks
Level 1	Residential Area	Id check
Level 2	Public Places	Id check + Fingerprinting
Level 3	Docking Sections	Id check + Fingerprinting + Voice check
Level 4	Regular Offices	Id check + Fingerprinting + Voice check + Retina scan
Level 5	Server Access	Id check + Fingerprinting + Voice check + Retina scan + DNA testing

Tabela 5.2.1.2 Níveis de segurança

5.2.2 Planos de contingência

Contingency	Most Susceptible Areas	Detection by	Fixation Action	Response Time
Docking Accident	Docks	Traffic Controller Robots of Aerodorneial-4	The robots will immediately handle the damaged structures, and turn down the part of dock for 10 minutes, till the terrain is made normal again.	**<10 minutes**
Hull Breach	Hull of the structure	Sensors and Cameras	A temporary lubricant with high viscosity till the head department starts taking corrective measures for the same,	**<40 seconds**
Water Failure	Residential and Recreational Areas	Detectors and Robot Guards	More water from the water storage area will be shifted to the water required areas by the water and	**<60.8 seconds**

			sanitation department	
Food Failure	Residential Areas	Cameras, sensors and robot guards	Food and Crops would be provided from the storage area by Food and Agricultural Department.	**<1 minute**
Biological Infectivity	Public Areas	Small sensors	The Health Department will take measures to cure the infected areas or people by using the robotic systems and migration plans if necessary.	**<8 minutes**
Robot Failure	Whole Settlement	Cameras	Immediate repair and replacement of the robots by the damage repair department.	**<13.5 minutes**
Power Failure	Whole Settlement	Detectors and robotic devices	Power Backup Devices by the electricity department. Repair of major failures by the robotic engineers.	**<20.6 seconds**
Fire	Public, Residential and Industrial Areas	Sensors and Detectors	Evacuation of people from the affected area and immediate fire extinguisher supply from the Habitation Regulation and Security	**<61 seconds**

			Automation Departments.	
Network Breach	Cyber Network For the Security of Settlement	Robots and Sensor Systems	Immediate backup source supply and repair of the damaged network.	**<8 minutes**
Data Access Failure	Whole Settlement	Engineers and Sensor Systems	Replacement by new data and repair of network and data department.	**<5 minutes**
Entry of unwanted Material or gases	Whole Settlement	Sensors Systems	Evacuation of people from the area and immediate repair by robots.	**<6 minutes**

Tabela 5.2.2 Planos de reserva e de contingência

5.2.3 Monitorização do dinheiro

A regulação da economia e o Sistema Monetário que seguimos hoje em dia, tem evoluído ao longo do tempo, desde o Sistema de Troca, até aos dias de hoje, onde os Depósitos nos bancos, também constituem Dinheiro. Devido à indisponibilidade de grandes quantidades de papel, os engenheiros de automação da Aerodorneial-4 decidiram elevar o sistema monetário a outro patamar superior, com a introdução de uma moeda mais precisa, segura, específica e sem papel, mas a moeda no mundo virtual.

As caraterísticas mais importantes deste sistema monetário especial são:

- A cada Família ou indivíduo (de acordo com o que está sujeito) será atribuída uma conta específica, conhecida como **Aeroaccount.** Esta conta conterá um código específico e terá a Assinatura, Impressões Digitais, Impressões de Retina, ADN e Qualidade de Voz guardados, do(s) membro(s) a quem a conta pertence.
- Qualquer pessoa e pertencer a apenas 1 conta Aero.
- Esta conta será utilizada para efetuar todas as transacções necessárias. Desde o salário até às compras e outros pagamentos, serão efectuados e recebidos apenas através desta conta. Assim, a moeda existirá apenas virtualmente, e não será necessária qualquer matéria materialista para suportar este Sistema Especial de manuseamento de dinheiro.

- Ao comprar qualquer bem ou serviço, o comprador terá de utilizar a sua assinatura e impressões digitais, a fim de ajudar os sistemas informáticos a relacioná-los com a sua conta Aero, a partir da qual o montante específico de dinheiro será utilizado para comprar o bem ou mercadoria em causa.
- O vendedor desta mercadoria receberá o saldo na sua conta Aero e poderá gastá-lo de

acordo com as suas necessidades e desejos.

- Será emitido um cartão de identidade aeronáutico (AIC) a todas as pessoas que entrem ou vivam na colónia espacial Aerodorneial-4, que terá um código de barras normalizado de 95 dígitos, que também pode ser utilizado para comprar mercadorias, bem como para outros fins, como autenticar a entrada em vários níveis da colónia e noutros locais em que seja necessária uma prova de identidade.
- As residências, que estão a ser concebidas como "casas inteligentes", também exigirão que o AIC entre nos locais pessoais da casa, uma vez que as preferências são definidas pela família/indivíduo proprietário.
- Estas Aero-contas são mantidas pelo **GD_SSN,** pelo que também conterão toda a informação necessária e registos sobre qualquer indivíduo presente na Colónia Espacial.

5.2.4 Redes de sistemas de servidores

O fornecimento de sistemas de rede no Aerodorneial-4 será uma rede eficiente de servidores interligados, processadores de utilizadores locais, sistemas de sensores e, finalmente, os mecanismos de resposta. O sistema de rede, tal como acima ilustrado, descreve claramente a interligação dos principais componentes da rede no assentamento que são realmente essenciais para serem monitorizados. Mais adiante, estas redes podem ser descritas como:

- Rede do sistema do servidor **de comunicações** (**C_SSN**)
  - A rede, tendo a sua utilidade no estabelecimento de comunicações, que são maioritariamente utilizadas pelos departamentos governamentais e indústrias, para comunicações de longa distância e monitorização.
  - Por exemplo, este sistema de rede é utilizado para estabelecer comunicação com a Terra, ou quaisquer outras povoações do Sistema Solar, bem como para comunicar de e para as principais áreas da Povoação.
- Rede do sistema do servidor **de transferência de dados** (**DT_SSN**)
  - O principal sistema de rede, o mais utilizado e acedido pelos cidadãos e outras pessoas na Colónia Espacial Aerodorneial-4.
  - Utilizado para partilhar ficheiros, ligações à Internet e à Intranet.
  - Ligado ao sistema do Servidor Principal, através das Firewalls, aos sistemas de processamento dos utilizadores locais, através de ligações de Fibra Ótica, para uma rápida transferência de dados.
- Rede de sistemas de servidores de **bases de dados governamentais** (**GD_SSN**)
  - A grande rede que é gerida e cuidada pelo conselho de administração da povoação espacial Aerodorneial-4.
  - Funciona como base de dados para os residentes da colónia e para as informações sobre os turistas, além de armazenar todas as principais informações sobre importação-exportação e outras informações importantes relacionadas com a colónia, relativas ao comércio, à exportação e às contas dos cidadãos.
  - Para além de tudo isto, este sistema de servidor também acomoda a política de Gestão Monetária Especial, que é única para o Acordo Espacial Aerodorneial-4.

- Não haverá acesso ao processador do utilizador local na rede, uma vez que será totalmente uma unidade acessível ao pessoal autorizado. No entanto, será criado um sítio intranet diferente na DT_SSN.
- Os cidadãos poderão controlar as suas facturas regulares, os pagamentos devidos e o saldo disponível nas suas contas Aero, fazer encomendas de comodidades e outras instalações acessíveis no sítio Web, que serão monitorizadas por esta rede de sistemas de servidores.

- Rede do sistema de servidores **de segurança** (S_SSN)
  - Este sistema de servidores actua como o principal centro de segurança, ou o "Quartel-General da Polícia" em linguagem comum, para a Colónia Espacial Aerodomeial-4.
  - Incluirá basicamente os sensores e outros mecanismos de supervisão que ajudarão a manter um olho no funcionamento correto e eficiente da povoação e na vida dos seus cidadãos.

- Rede de sistemas de servidores **de automatização estrutural** (SA_SSN)
  - Monitoriza as condições externas dos assentamentos, recolhe dados dos sensores, presentes na periferia da estrutura, e ajuda a manter-se no caminho e posição pré-direcionados do assentamento.
  - Desempenha as funções críticas de equilibrar e monitorizar a trajetória correta do assentamento através de cálculos sofisticados e dá instruções aos propulsores para tomarem as medidas necessárias.

- Rede do Sistema do Servidor de **Regulação da Habitação (HR_SSN)**
  - Desempenhará várias funções, ou seja, a manutenção das condições interiores da povoação e do seu ambiente, através de uma enorme rede de sistemas de sensores, calculadores e mecanismos de reação sofisticados, que desempenharão funções como a regulação da temperatura, a regulação da composição do ar e a regulação da pressão.
  - Outros parâmetros internos para ajudar os planos de contingência e as medidas e soluções rápidas serão fornecidos por este sistema de monitorização da povoação.

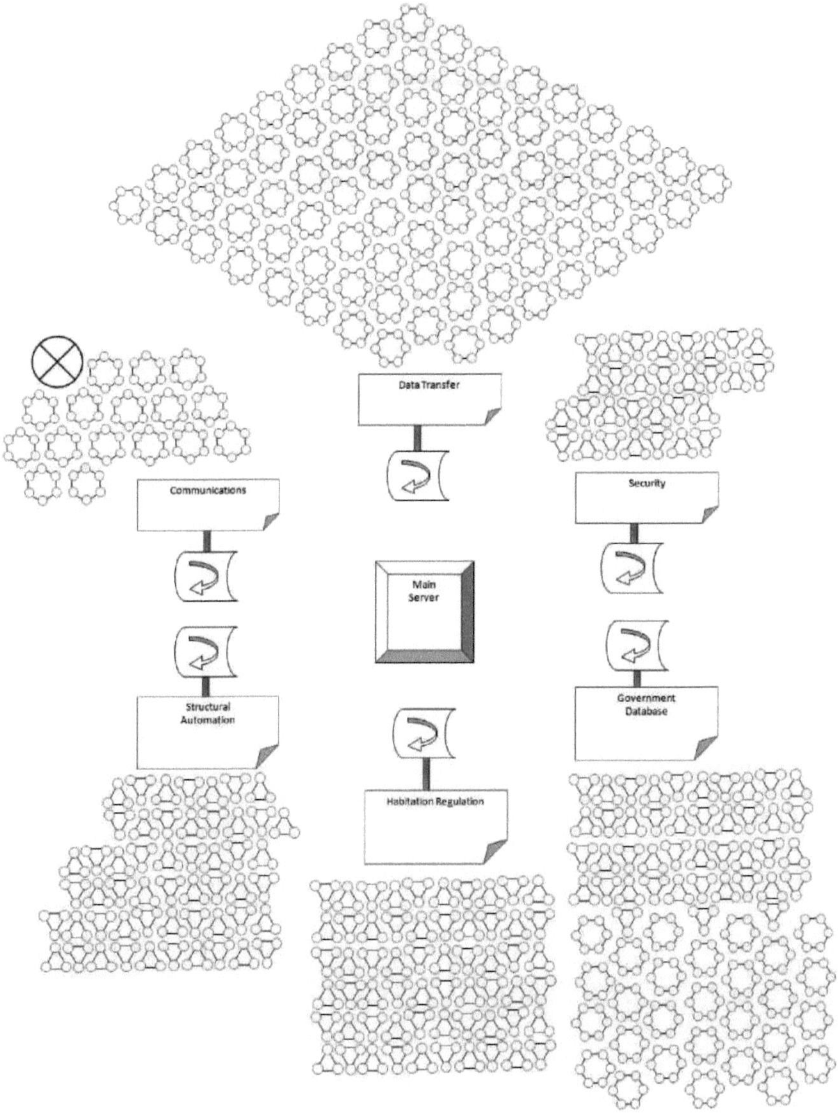
Data Transfer
Communications
Security
Main
Server
Structural
Automation
Government
Database
Habitation Regulation

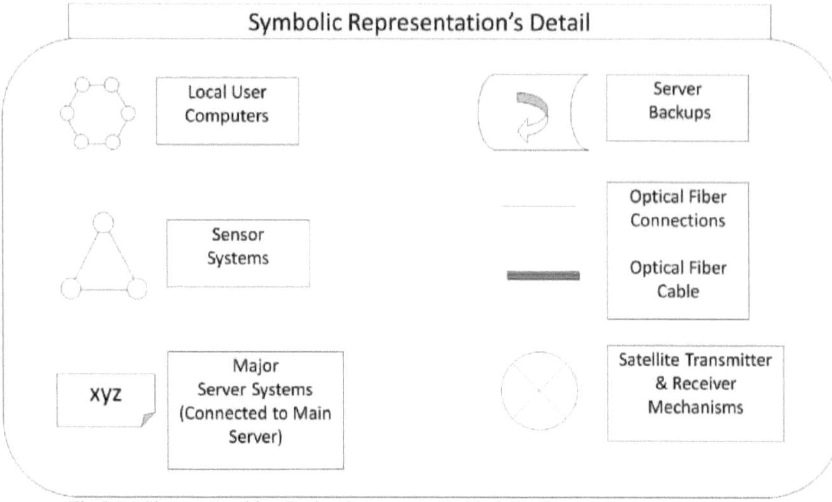

Fig 5.2.4 Sistema Servidor (Rede e Representação Simbólica)

Method	Server Name	Processor	HDD (Memory)	Utility
Main Server	Alfa g4	S4 40 GBps	10x8 TB (40 GB)	Controlling and managing all the data collected from all the sub servers.
Emergency Main Server	Alfa eg4	S5 45 GB	10x9 TB (45 GB)	Takes place or replaces Alfa g4 in case of any failure of Alfa g4.
Communication Main Server	CS g4 S1	30 GBps	10x5 TB (30 GB)	This server is connected to all the other servers, computers, offices, homes, etc. for helping in communicating between people and data transfer.
Habitation Server	Controller g4	OT4x 27 GBps	30x2 TB (35 GB)	Manages and assembles all the data received from small server

Security Server	Guard s4	XOTA 40 GBps	30x4 TB (35 GB)	Takes care of the protection of all the connection between all the servers, home and office computers through firewalls and security software's, monitoring the security of all the internal and external activities in the settlement
Data Transfer Server	Zeta g4	LAMDA 25 GBps	140 TB (50 GB)	It helps in data transfer between earth and the settlement through satellite and a receiver
Small Configuration Servers	WBP g4	VEBRA 10 GBps	50 TB (20 TB)	WBP g4 servers will collect data from all the sensors, and assemble it and then transfer the data to the MAS g4.
Main Assemblance Server	MAS g4	DOTA 4r20 GBps	6x10 TB (36 GB)	MAS g4 assemble data from WBP g4 and transfers it to Controller g4

Tabela 5.2.4 Sistemas de servidores

5.3 HABITABILIDADE E COMUNIDADE

AUTOMATIZAÇÃO

5.3.1 Robôs para melhorar a habitabilidade

Na aerodorneial-4, o nosso objetivo é proporcionar aos seus cidadãos um lugar melhor para viver e desfrutar do seu precioso tempo. Assim, para melhorar esse tipo de vida, a Aerodorneial-4 fornece dois tipos de robôs, para aliviar a força manual em diferentes secções de trabalho.

5.3.1.1 Robô doméstico

SERVO-BOT

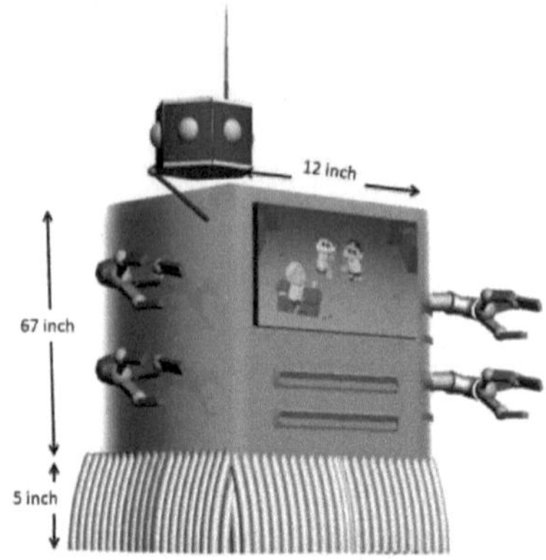

- Este robô destina-se especificamente a melhorar a qualidade de vida dos cidadãos de Aerodorneial-4 nos seus lotes residenciais.
- Este robô é composto por uma vassoura e um aspirador de pó fixados na sua parte inferior.
- Tem um ecrã e uma câmara para conversar por vídeo com qualquer pessoa da povoação que o deseje. Este ecrã também funciona como uma televisão portátil para transmitir programas de entretenimento ligeiro.
- Dispõe igualmente de uma máquina de lavar roupa, que utiliza a técnica **do fio de nylon**.

- Nesta técnica, é consumida menos água, em cujo lugar são utilizadas contas de nylon para limpar a roupa.

5.3.1.2 Robô de escritório

ADMINO-BOT

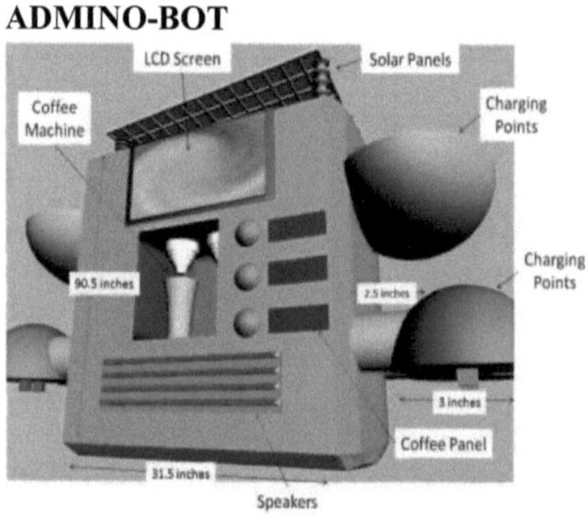

- Este robot destina-se a ser utilizado no escritório.
- Este robot estará situado em cada departamento do escritório.
- Além disso, este robô terá certas sub-partes para melhorar o trabalho das pessoas.
- Para estas sub-partes, possui também pontos de carregamento que adquirem a sua necessidade de energia a partir dos painéis solares montados no seu topo.

O Admino-Bot tem 4 subpartes, que são

PROJECTO-BOT

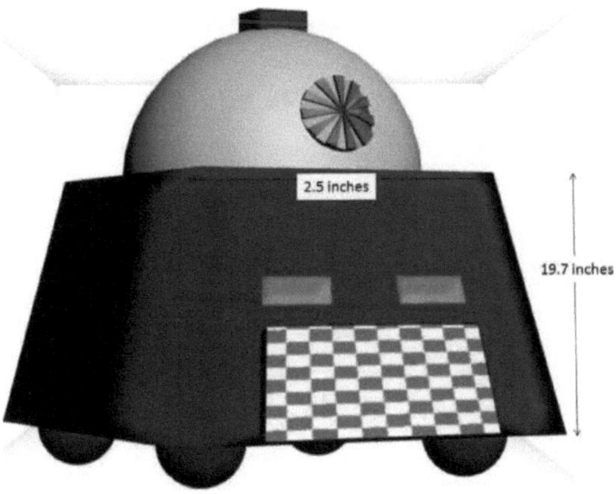

- Este robot irá melhorar a velocidade de apresentação e a tecnologia nos escritórios.
- Este possui um serviço plug and play.
- Sempre que se sentir um pouco descarregado, deslocar-se-á automaticamente para o local onde o Admino-Bot será colocado e, em seguida, será carregado a partir dos pontos de carregamento no Admino-Bot.

XERO-BOT

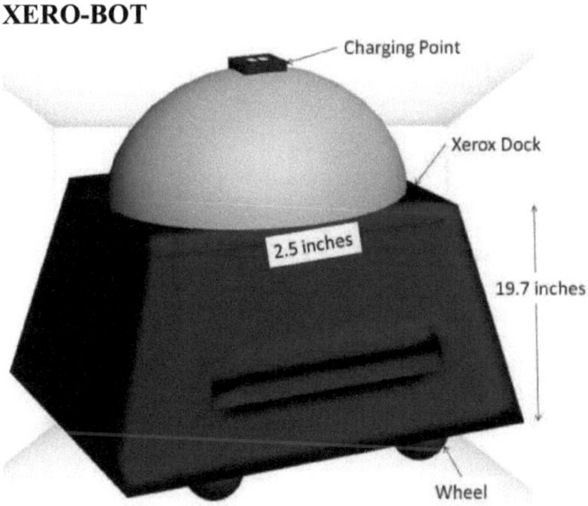

- Este robot estará ao serviço dos empregados que desejem ter uma cópia em papel do seu dossier.
- Este possui um serviço "plug and play". Com um scanner montado na parte superior, também pode digitalizar os documentos.
- Sempre que se sentir um pouco descarregado, deslocar-se-á automaticamente para o local onde o Admino-Bot será colocado, sendo depois carregado a partir dos pontos de carregamento existentes no Admino-Bot.

D-BOT

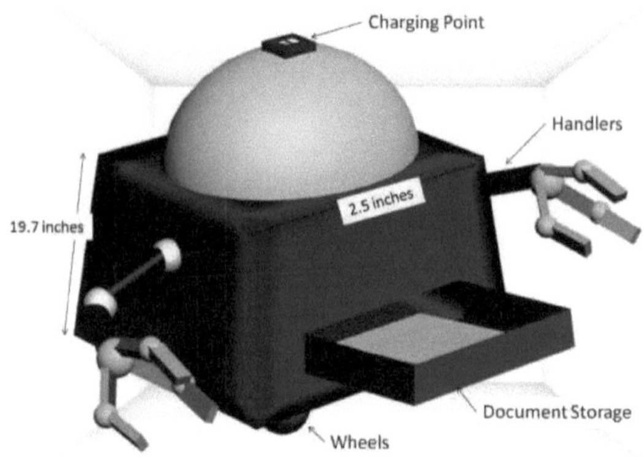

- Este robô ajudará os empregados a manter os seus documentos em ordem, de modo a não criar uma confusão com os seus assuntos importantes.
- Este robô funciona por comando de voz e será muito útil para os empregados.

Sempre que se sentir um pouco descarregado, deslocar-se-á automaticamente para o local onde o Admino-Bot será colocado e, em seguida, será carregado a partir dos pontos de carregamento no Admino-Bot.

ESCRITÓRIO-COP

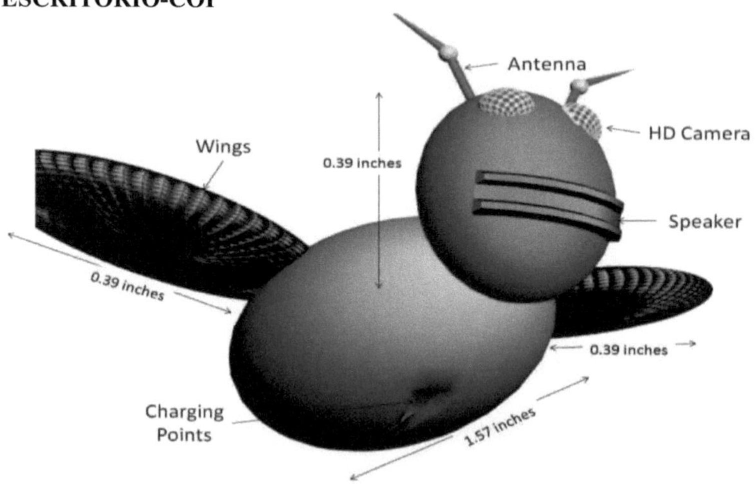

Sempre que começa a ficar descarregado, desloca-se automaticamente para a área onde o Admino-Bot será colocado, onde pode ser carregado a partir dos pontos de carregamento existentes no Admino-Bot. (Consulte 5.2.1 Sistemas de segurança para obter mais informações)

5.3.1.3 Vaidya

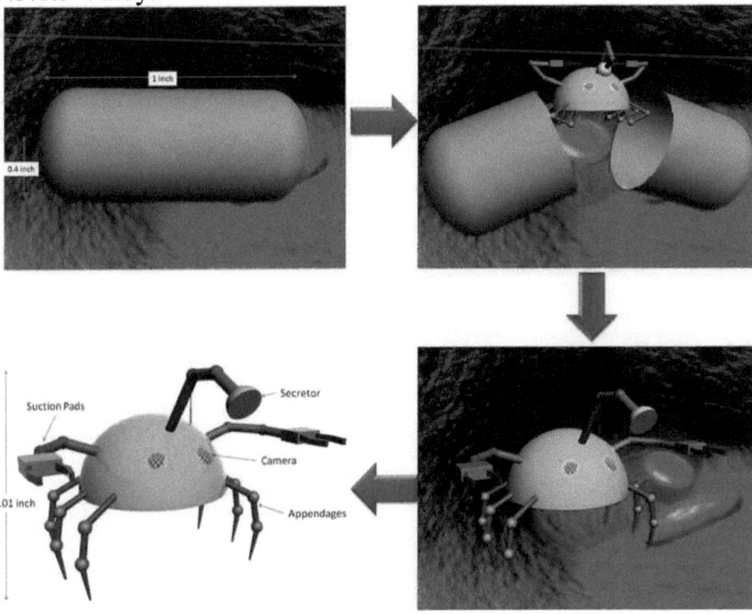

Fig 5.3.1.3 Funcionamento do Vaidya (o Nanobot) (o número de robots que saem da cápsula depende do estado do doente)

5.3.2 Robots e funções

Name	Purpose	Dimensions (l x b x h) (in ft. If not Mentioned otherwise)	Quantity (subjected to Change)
Agrobot	Agricultural operations	13 x 6.6 x 18	100
Exte-Constructo	Exterior construction	39.7 x 19.7 x 59.1	75
Int-Constructo	Interior finishing, maintenance and repair	32 x 4 x 25	55
Mino-bot	Mining	13.1 x 9.8 x 14.8	25
Digger	Mining	10 x 5 x 6	20
Containeir	Mining	8 x 5 x 8	30
Procureir	Mining	18 x 5 x 8	Variable
Robo-cop	Settlement security	1 x 0.25 x 0.25	80
Vaidya	Consumed as a medicine	0.01 x 0.01 x 0.01 *(inch)*	Variable
Admino-bot	Office robot	3.5 x 0.5 x 7.5	80
Projecto-bot	Projector	0.2 x 0.2 x 1.6	88
Xero-bot	Copier machine	0.2 x 0.2 x 1.6	88
Office-cop	Office alertness	0.13 x 0.07 x 0.4	160
D-bot	Document handler	0.2 x 0.2 x 1.6	88
Domestic-Bot	Domestic robot	1 x 0.6 x 6	5000

Tabela 5.3.2 Diferentes robôs utilizados no Aerodorneial-4

CAPÍTULO 6
Custo e programação
6.1 CONCEÇÃO E CONSTRUÇÃO HORÁRIO

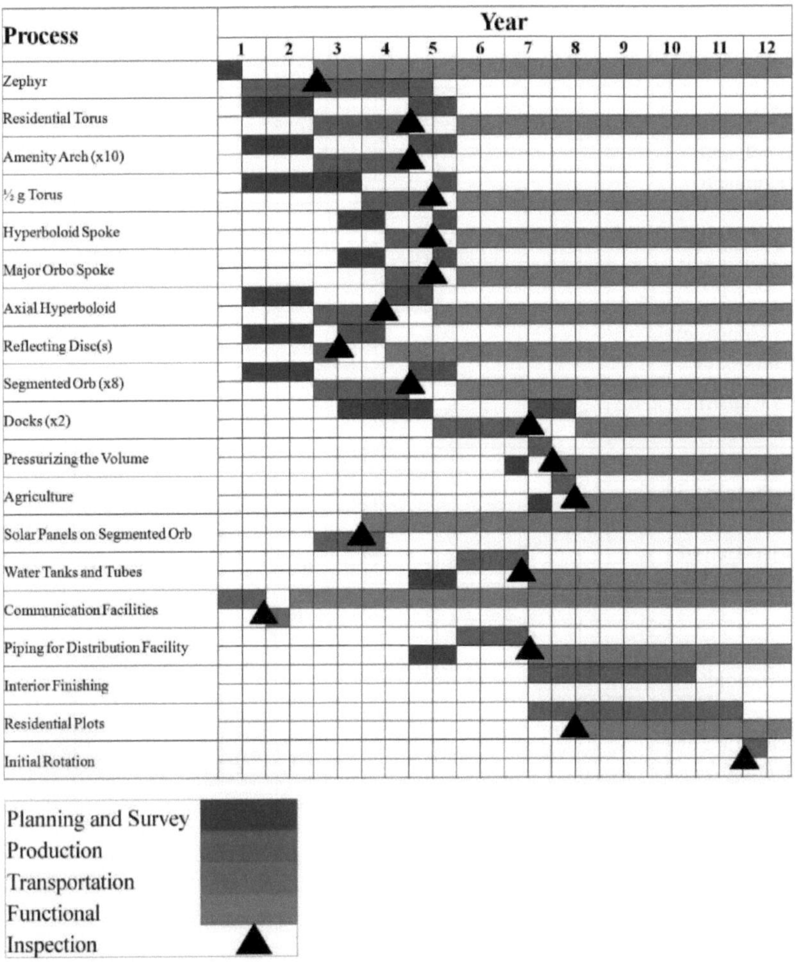

6.2 CUSTO

Department Concerned	Unit	Quantity	Per Unit Cost ($)	Facilitators			Total Cost ($)
				Engineer	Technician	Labour	
Services	Resource Procuration	N/A	N/A	0	0	0	**3,750,000,000**
	Planning	N/A	N/A	0	0	0	**2,500,000,000**
	Research and Development	N/A	N/A	0	0	0	**25,500,000,000**
Structural Engineering	Outer Construction of Residential Torus	1	3,500,000,000	15	30	50	**3,517,150,000**
	Outer Construction of Amenity Arch	8	350,320,000	15	75	60	**2,807,410,000**
	Outer Construction of ½ g Torus	1	2,950,000,000	10	30	50	**2,958,475,000**
	Construction of Hyperboloid Spoke	10	1,500,000	4	12	20	**19,400,000**
	Construction of Major Orbo Spoke	4	1,750,000	35	45	65	**8,760,000**
	Construction of Axial Hyperboloid	1	1,500,000,000	2	5	25	**1,508,150,000**
	Construction of Reflecting Disc(s)	2	1,000,000	40	80	160	**3,180,000**
	Construction of Segmented Orb	8	450,000,000	4	16	30	**3,613,600,000**
	Outer Construction of Docks	2	20,000,000	25	40	75	**42,310,000**

Operational Engineering	Thrusters	17	5,350,000	20	45	75	**98,075,000**
	Shipping of Material Required (Preliminary)	Variable	N/A	20	45	75	**2,750,000,000**
	Pressurizing the Volume	2,844,321,939 tons	1	0	5	10	**2,901,208,378**
	Agro-based Operations	Variable	N/A	0	0	0	**1,003,400,000**
	Electricity Generation	50,135,376.2 ft^2	1	0	0	0	**25,067,688**
	Waste Management	Variable	N/A	0	2	10	**750,400,000**
	Satellite Systems	5	10,000,000	5	0	5	**50,575,000**
	Routers	8	10,000	5	0	0	**530,000**
	Transportation Systems	1900	10,310	0	0	0	**19,589,000**
	Ships	175	15,000	0	0	0	**2,625,000**
	Zephyr (total cost)	1	N/A	50	50	50	**60,009,500,000**
Human Factors	Processes at Amenity Arch	10	1,500,000	20	30	40	**20,050,000**
	Type 1 Houses	1656	250,000	1	4	10	**414,000,000**
	Type 2 Houses	1656	500,000	1	4	10	**828,640,000**
	Type 3 Houses	1104	750,000	1	4	10	**828,640,000**
	Type 4 Houses	416	1,000,000	1	4	10	**416,640,000**
	Space Suits	450	1,000	0	0	200	**5,450,000**
	Safe 0-g Locomotion Equipments	80	20,000,000	0	0	0	**1,600,000,000**
Automation Design and Services	Exterior Construction Bots	75	300,000	75	85	100	**38,125,000**
	Interior Finishing Bots	55	250,000	35	45	50	**21,525,000**
	Robo Cop	80	5	0	10	20	**1,250,400**
	Contingency Systems	N/A	30,000,000	10	20	40	**33,400,000**
	Domestic Bots	5000	135,000	100	175	200	**702,125,000**
	Office Bots	80	150,000	10	20	40	**15,400,000**
	AgroBots	100	30,000	20	50	75	**10,425,000**
	Vaidya (the Nanobot)	Variable	2	0	0	0	**25,000,000**
	Mino-bot	25	10,000	5	15	30	**2,575,000**
	Digger	20	25,000	10	15	40	**3,525,000**
	Containeir	30	30,000	10	20	35	**4,175,000**
Miscellaneous		N/A	10,000,000,000	35	50	100	**10,009,400,000**

Quadro 6.2.1 Cálculo dos custos totais

Custo total -> *128, 819, 750, 466 $*

Cento e vinte e oito mil milhões, setecentos e noventa e quatro milhões, setecentos e cinquenta mil, quatrocentos e sessenta e seis dólares apenas

Personnel	Employed	Salary per year (in $)	Total (in $)
Engineer	599	90,000	53,910,000
Technician	1,106	75,000	82,950,000
Labour	1,895	25,000	47,375,000
Total Billed (in $)		**184,235,000**	

Quadro 6.2.2 Fatura do emprego

CAPÍTULO 7

Desenvolvimento de negócios

A Colónia Espacial Aerodorneial-4, para além de ser "apenas" uma colónia espacial, não só compreende, como também cria oportunidades de negócio, investigação e desenvolvimento, que podem levar os humanos a aventurarem-se neste novo mundo, que se encontra lá fora, inexplorado. Com vastas abordagens para apoiar o comércio e as trocas comerciais a partir da Terra e para além dela, utiliza as condições vantajosas que estão presentes muito para além da Terra. À espera de ser apenas...
Explorado!

7.1 TURISMO

7.1.1 Lua

Aerodorneial-4 oferece um "Serviço de Turismo Lunar" que será uma bênção para os académicos que estudam na Terra e têm um ardor pela Engenharia Aeronáutica e Ciências Espaciais. Esta digressão será composta por quatro fases:

1. **Local onde Neil Armstrong aterrou pela primeira vez (O "primeiro" passo)**

Nesta visita, os estudantes serão guiados até à área onde aterrou o primeiro vaivém tripulado Apollo-11. Estes estudantes serão também levados a diferentes áreas onde aterraram diferentes vaivéns espaciais Apollo e a sua superfície estudada será novamente investigada.

2. **A visita às principais crateras**

Nesta excursão, os académicos irão visitar os locais mais espantosos da superfície da Lua, as suas "Crateras". Serão levados a todos os tipos de crateras, onde poderão estudar o padrão da topografia da superfície.

3. **A viagem às calotas polares**

A Lua confirmou todos os vestígios possíveis de água nas suas calotes polares. Para dissipar todas as dúvidas destes estudiosos entusiastas, a visita será guiada até às calotes polares da Lua; estas darão a estes turistas uma nova recordação eterna.

4. **Visita ao Zephyr**

Depois, estes turistas terão um passeio turístico Zephyr. As indústrias instaladas terão acesso a estes turistas. Ser-lhes-ão mostrados os diferentes tipos de robôs, a sua construção, o seu funcionamento e também o seu estudo. Ser-lhes-á dada a oportunidade de visitar a zona de construção do 0g. Alguns dos turistas sortudos terão também a oportunidade de ver o Aerodorneial-4 a ganhar forma, se visitarem Zephyr na altura do processo de construção do Aerodorneial-4.

7.1. 2Aerodorneial-4

Os turistas que optarem por esta opção preparar-se-ão para uma excursão totalmente emocionante ao Aerodorneial-4. Aqui, os turistas ficarão alojados no toro ^ g que possui hotéis para os turistas. Estes turistas terão a oportunidade de explorar o Aerodorneial-4 de uma perspetiva diferente.

7.1. 3Hotel

Os turistas que visitam o Zephyr ficarão alojados no próprio Zephyr, num hotel, destinado exclusivamente a estes turistas. Estes hotéis estarão bem mobilados e terão todas as facilidades necessárias para uma vida melhor.

Os turistas que aqui vierem levarão uma série de boas recordações deste lugar sempre excitante "Zephyr".

7.2 INDÚSTRIAS

7.2.1 Vidro

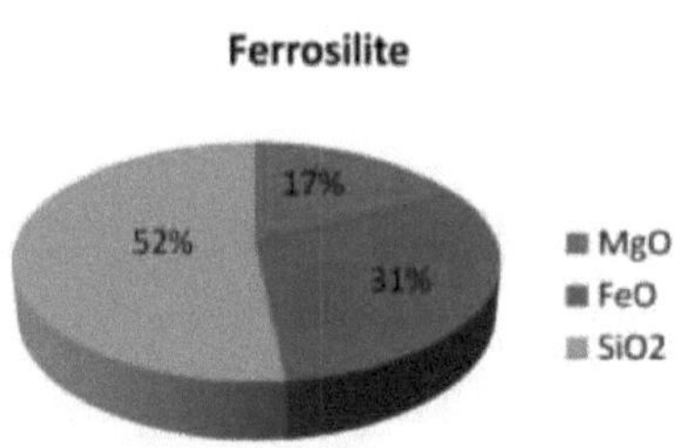

20% da composição do regolito lunar do Mare é constituída por silício em forma de piroxénio. Estes minérios serão extraídos pelo MinoBot e pelo Procureir, e serão transportados para a secção industrial de vidro em Zephyr. Estes piroxénios adquiridos, nomeadamente a Ferrosilite, serão posteriormente tratados e convertidos em MgO, FeO e SiO2. O SiO2 assim obtido será posteriormente processado e transformado em folhas de vidro.

7.2.2 Liga de titânio-alumínio

Esta indústria funcionará de forma muito eficiente na base lunar, devido à vastidão dos minérios de titânio e alumínio presentes no regolito lunar. Os minerais e minérios adquiridos pelo Mino-Bot e pelo Procureir na zona lunar montanhosa serão trazidos para aqui para serem processados. Estes minérios serão refinados e

A partir delas serão formadas ligas de TiAl, que se destinarão exclusivamente aos processos de construção.

7.2. 3Materiais de construção de lotes residenciais

O FeO e o MgO assim obtidos a partir da refinação da Ferrosilite serão posteriormente fundidos e convertidos num produto mais valioso, com uma resistência à tração, elevado ponto de fusão e ponto de ebulição, ao mesmo tempo que não será frágil. Este material será adquirido e transportado para a "Área de Construção", que se destina exclusivamente à construção do Aerodorneial-4 e à automatização necessária para o mesmo.

7.2. 4Investigação e indústria de fatos espaciais

Para passar algum tempo no espaço, que é deficitário em atmosfera e pressão, o ser humano precisa de um fato espacial para ultrapassar estes problemas com tecnologia extra para aumentar a conveniência fornecida, para este assunto "Zephyr" consiste numa secção conhecida como "Space Suit Research and Industry". Esta secção destina-se especificamente à investigação e construção de fatos espaciais. Estes laboratórios de investigação serão utilizados por um grande número de cientistas e engenheiros, para desenvolver tecnologias de fatos espaciais. Estes cientistas terão como objetivo melhorar os sistemas PLSS, os sistemas de recolha e gestão de resíduos, a facilidade de mobilidade enquanto usam os fatos espaciais e a sua capacidade de conforto. Estes cientistas terão à sua disposição a melhor tecnologia desenvolvida até à data para criar e melhorar os modelos de fatos espaciais existentes.

Esta secção também será capaz de fabricar fatos espaciais. O requisito de fatos espaciais para o Aerodorneial-4 será cumprido aqui.

7.3 IASA

Uma vez que a Lua possui condições de baixa gravidade, será uma tarefa comparativamente mais eficiente em termos de custos, combustível e tempo para o vaivém espacial aterrar e descolar a partir das docas situadas no Zephyr (a base lunar). Assim, para utilizar esta grande oportunidade, a Base Lunar de Aerodorneial-4 apresenta-vos **a Administração Internacional da Aeronáutica e do Espaço (IASA)**. Esta organização irá trabalhar nas diretrizes do Aerodorneial-4. As suas principais caraterísticas são:

- O objetivo da IASA será o de aumentar a compreensão humana do sistema solar e do universo que o contém, para conhecer e explorar cada vez mais.
- Previsão de instalações de base para missões de exploração espacial e de investigação, bem como de veículos de lançamento com infra-estruturas mais eficientes.
- Centro de fabrico e montagem do vaivém espacial e de outros equipamentos pesados.
- Base lunar para novos empreendimentos astronómicos, que trabalharão em coordenação com as organizações de exploração espacial, presentes na Terra.
- Lançamento de missões para novas explorações noutros planetas com capacidade de vida.
- Outros projectos de colonização espacial a executar.
- Aventurar-se no novo Universo através das instalações da Aerdorneial-4 Space Settlement.

7.4 EXTENSIBILIDADE

Porque a vida é um processo de crescimento e desenvolvimento contínuo de vários aspectos em que vivemos, temos sempre a necessidade de "manter uma margem maior", em qualquer atividade ou empreendimento que façamos. No Aerodorneial-4, sendo os projectistas da Primeira Colónia Espacial de Sempre, que funciona como uma morada para nós, tal como no Planeta Terra, esperamos a expansão de vários aspectos devido ao crescimento e desenvolvimento. Quer seja em termos de população, indústrias ou qualquer necessidade de expandir a colónia para alojar mais habitantes, a Aerodorneial-4 está equipada com uma caraterística exclusiva que é a Extensibilidade da Colónia. Aqui, no caso de qualquer necessidade futura de expansão da Colónia Espacial Aerodorneial-4, esta está pronta e bem equipada para receber uma nova estrutura de suporte de peso, que será outro toro. Pode ser preparado em pequenas unidades, na base lunar, e depois pode ser montado no desenho proposto para o assentamento básico, com um dos Orbo-Spokes Principais como estrutura axial e de suporte.

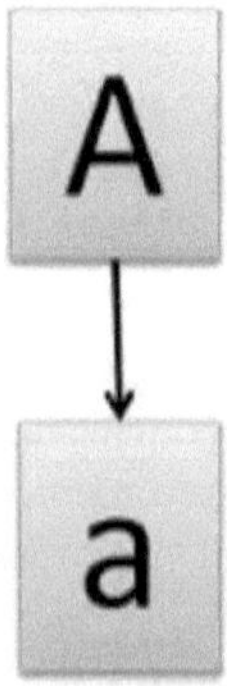

Esta caraterística da Colónia Espacial Aerodorneial-4 é a exclusiva de qualquer colónia espacial do seu género, que pode ser alargada para utilizações temporárias/curto prazo, sem fazer grandes alterações na estrutura já operacional.

Mais adiante, nos casos de maiores necessidades adicionais de espaço, podem ser criados outros Estabelecimentos Espaciais (para mais informações, consultar a secção 7.5).

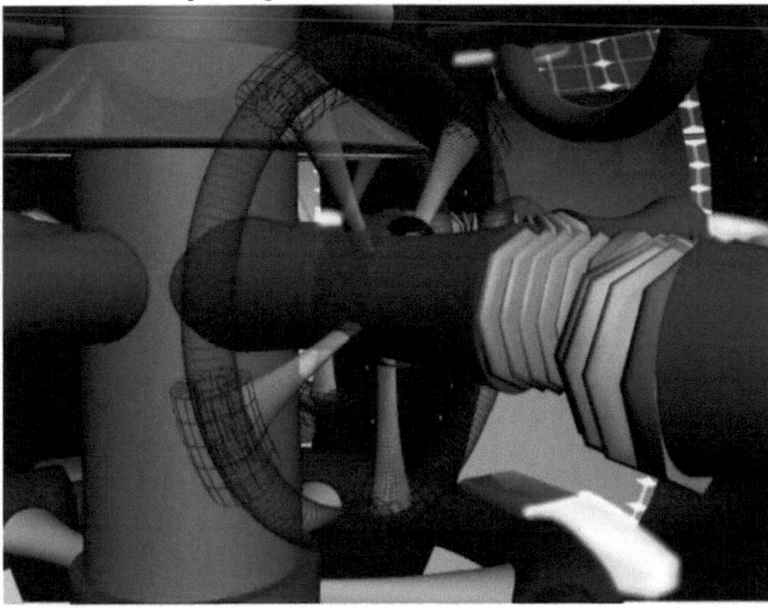

Fig 7.4 Porção extensível

7.5 AUTO-DUPLICAÇÃO

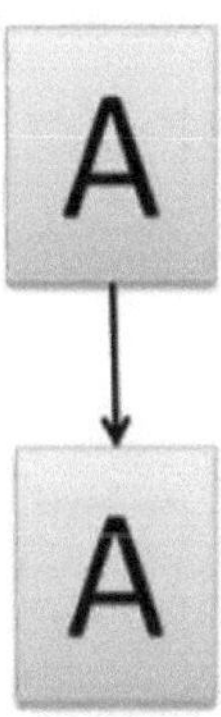

Sendo a primeira morada fora da Terra para os seres humanos, esta colónia fornece toda a investigação fundamental e o âmbito das tecnologias de desenvolvimento, que serão necessárias para fazer pequenas alterações, para tornar a vida na colónia espacial melhor. Agora, conhecendo os segredos mais "estimados" de residir numa maravilha totalmente feita pelo Homem, que serão agora comprovados, vamos procurar a expansão desta Comunidade da Colónia Espacial. Para podermos voltar a fazer estruturas tão grandes no Espaço, a Colónia Espacial Aerodorneial-4 funciona como fornecedor de materiais, base de controlo e monitorização, bem como base de investigação e desenvolvimento para as próximas colónias. Para facilitar os futuros desenvolvimentos nas infra-estruturas espaciais, a povoação espacial Aerodorneial-4 fornecerá sistemas de apoio fundamentais, através dos seus departamentos de engenharia de automação, estrutural e operacional, que não estavam disponíveis quando esta primeira povoação espacial foi construída.

CAPÍTULO 8

Ultimato

8.1 BIBLIOGRAFIA

http://www.nss.org/settlement/ssp/library/nsso.htm

http://www.howstuffworks.com/web-server.htm

http://en.wikipedia.org/wiki/Server %28computação%29

http://www.freewimaxinfo.com/server-types.html

http://www.lpi.usra.edu/nlsi/education/gallery/earthsAttic/images/poster/moonS urface.jpg

http://www.myanime.me/screenshots/114215 -episode-726-screenshot-006.jpg

http://alohadave.org/maya/artery 1.jpg

http://www.3dsmaxtutorials.net/

http://en.wikipedia.org/wiki/Main Página

http://en.wikipedia.org/wiki/VRLA bateria#Bateria de gel

http://sroeco.com/solar/most-efficient-solar-panels

http://www.solar-wind.co.uk/pv paineis solares.html

http://www.moonminer.com/Lunar regolith.html

http://www.esrf.eu/UsersAndScience/Publications/Highlights/2000/materials/M AT8.html

mailto:mikecombs@aol.com?subject=Building Sonhos de poeira da lua

8.2 EPÍLOGO

"Pode o melhor ser ainda melhor?"

A questão não tem sido apenas uma questão de conflitos internos e de pesquisa, mas algo que incomoda a inovação, que duvida da criatividade e que nos tem feito ir além do que poderíamos ter imaginado ostensivamente desta Colónia Espacial, nos nossos sonhos mais mortíferos. Começando muito para além do que tínhamos lido nos nossos manuais escolares e nas pesquisas primárias na Internet, chegámos à beira do aparente fim de toda a diversão que tivemos, trabalhando, procurando, explicando, descrevendo, percebendo e indo mais longe do que aquilo que tínhamos tentado fazer nas nossas fantasias.

A estrutura do assentamento, sendo estável e verdadeiramente inovadora, não só fez parte do que nunca tínhamos imaginado, como também evoluiu através de muitas correcções, alterações, tensões e interferências de outros departamentos, que levaram ao aperfeiçoamento da estrutura que finalmente lhe foi apresentada na proposta de projeto.

O assentamento inclui não só as melhores técnicas disponíveis atualmente, mas também foi capaz de explorar uma vasta gama de tecnologias, criações e infra-estruturas operacionais que nunca tinham sido utilizadas no passado. Com a sempre tão grande arena de iniciar o projeto, desde o infinito, as opções foram tecnicamente selecionadas, ordenadas, escrutinadas e depois utilizadas na proposta do projeto, para fornecer à Sociedade da Fundação as melhores lentes de ideias criativas, ideais e inspirações que poderíamos apresentar.

Compreendemos que não se pode esperar que uma "única" proposta aborde todas e cada uma das perspectivas tecnologicamente corretas e observações precisas, mas o que mais importa é o empenho de cada um em assumir a enorme tarefa de cobrir o maior número possível de tópicos que contam as estrelas no azul, e de os trabalhar num período de tempo limitado. A ideia básica que sempre nos inspirou a pensar em termos de desenvolvimento de aspectos comerciais para a raça humana, que se situam para além da vida terrestre - para tornar esta proposta de fácil leitura e cheia de inovação - tem sido a natureza sempre tão dinâmica do Espaço e a Vida que podemos procurar para além da Terra; para além de tudo o que podemos ver, observar ou talvez imaginar que existe, neste símbolo do infinito.

As automações e os sistemas de apoio à vida humana têm sido ainda mais desafiantes do que alguma vez poderíamos ter imaginado - como é que pensar numa direção que ainda nem sequer foi iluminada, mas que sentimos como se tivesse sido percorrida, serviu para a mentalidade que agora conduziu a uma maior extensão dos horizontes que aspiram à criatividade, à imaginação e ao quadro mental limitado, que contém tudo o que é necessário, em qualquer altura e de qualquer forma. O que precisamos de fazer é reacender a alegria infantil da curiosidade e aprender a ver o mundo não com as nossas capacidades de perspicácia, mas desenvolver a coragem de correr riscos e falhar uma e outra vez, pois o sucesso não é um pedestal para

O objetivo é chegar ao topo, mas sim a uma colina, que serve melhor enquanto corre **no terreno inclinado, e não apenas no seu topo. Por fim, "basta um toque de** fervor e **de** paixão para nos provarmos. Por mais jovem que seja, até ter a sua paixão a guiá-lo através do oceano ilimitado de aspirações, a brisa da inovação leva-o para a frente, para a frente e para trás. Basta fazer. Acredita. Aventuramo-nos na vastidão da natureza e saboreamos a sua essência através do **Aerodorneial-4 Space Settlement.**

More Books!

yes

I want morebooks!

Buy your books fast and straightforward online - at one of world's fastest growing online book stores! Environmentally sound due to Print-on-Demand technologies.

Buy your books online at
www.morebooks.shop

Compre os seus livros mais rápido e diretamente na internet, em uma das livrarias on-line com o maior crescimento no mundo! Produção que protege o meio ambiente através das tecnologias de impressão sob demanda.

Compre os seus livros on-line em
www.morebooks.shop

info@omniscriptum.com
www.omniscriptum.com

OMNIScriptum

MIX
Papier aus verantwortungsvollen Quellen
Paper from responsible sources
FSC® C105338

Printed by Books on Demand GmbH, Norderstedt / Germany